"京科惠农"
科技服务平台咨询问答
图文精编 Ⅲ

罗长寿　孙素芬 ◎ 主编

·北京·

图书在版编目（CIP）数据

"京科惠农"科技服务平台咨询问答图文精编. Ⅲ / 罗长寿，孙素芬主编. —北京：科学技术文献出版社，2023.7
　ISBN 978-7-5235-0382-9

　Ⅰ.①京… Ⅱ.①罗… ②孙… Ⅲ.①农业技术—科技服务—咨询服务—问题解答 Ⅳ.① S-44

中国国家版本馆 CIP 数据核字（2023）第 115494 号

"京科惠农"科技服务平台咨询问答图文精编Ⅲ

策划编辑：郝迎聪 责任编辑：李晓晨 侯依林 责任校对：张永霞 责任出版：张志平

出　版　者	科学技术文献出版社
地　　　址	北京市复兴路15号　邮编　100038
编　务　部	（010）58882938，58882087（传真）
发　行　部	（010）58882868，58882870（传真）
邮　购　部	（010）58882873
官 方 网 址	www.stdp.com.cn
发　行　者	科学技术文献出版社发行　全国各地新华书店经销
印　刷　者	北京时尚印佳彩色印刷有限公司
版　　　次	2023年7月第1版　2023年7月第1次印刷
开　　　本	880×1230　1/32
字　　　数	139千
印　　　张	7.375
书　　　号	ISBN 978-7-5235-0382-9
定　　　价	68.00元

版权所有　违法必究

购买本社图书，凡字迹不清、缺页、倒页、脱页者，本社发行部负责调换

《"京科惠农"科技服务平台咨询问答图文精编Ⅲ》
编委会

主　　任：于　峰

委　　员：秦向阳　龚　晶　郭建鑫　张峻峰

主　　编：罗长寿　孙素芬

副 主 编：郑亚明　龚　晶

编写人员：（按姓氏笔画排序）

　　　　　王金娟　王富荣　余　军　陆　阳　陈　妍

　　　　　孟　鹤　赵瑞芳　栾汝朋　曹承忠　魏清凤

前　言

"京科惠农"科技服务平台是北京市农林科学院建设的一个农业科技公益服务平台。平台有一支由百余名具有丰富理论知识与实践经验的农业专家组成的服务团队，服务内容主要包括蔬菜、果树、食用菌、杂粮、畜禽等方面农业生产问题。平台开通以来，除在北京市进行服务应用外，还立足京津冀将服务范围扩展到全国其他29个省、自治区、直辖市，社会经济效益显著，树立了农业科技咨询的"京科惠农"服务品牌。

在服务过程中，平台积累了大量来自农业生产一线的技术和实践问题，为更好地发挥这些咨询问题对农业生产的指导作用，编者精选了部分问题并在充分尊重专家实际解答的基础上，进行了文字、形式等方面的编辑加工，使解答尽量简洁、通俗、科学、严谨。本书汇集了蔬菜、果树、粮食作物、花卉、土肥、食用菌、畜牧、水产等不同生产门类的问题，希望通过这些精选的问题更好地传播知识，为农业生产提供参考与借鉴，更好地发挥农业科技的支撑作用。

本书中涉及的农业生产问题的解答，一般是专家对咨询者提出的问题进行针对性的解答，由于农业生产具有实践的现实性、复杂性，因此在参考本书中相关解答时，请结合当地的气候、农时和生产实践做出适当调整，避免教条化执行专家解答，这一点请广大读者理解。

本书主要目的是发挥平台的公益性服务作用，通过对农业生产一线遇到的问题进行图文展示，结合专家的详细解答，为用户提供直观的参考。在此，向提供原始图片的平台服务用户表示感谢！其中个别解答是专家经过查阅资料进行梳理、提炼而来，未能标注出处，敬请谅解！对参加平台服务的专家及为本书提供指导的各位专家表示感谢！没有你们的辛勤劳动，就没有本书的成稿！

本书撰写受到"北京科技特派员智能响应服务系统与双创服务示范应用"（Z201100008020011）、"北京市农村远程信息服务工程技术研究中心"、北京市乡村振兴科技项目"农业科技远程智能咨询与应答"的资助，特此感谢！

鉴于编者的技术水平有限，文中难免存在纰漏，敬请广大读者批评指正！

编　者

2023 年 6 月

目 录

第一部分 蔬菜

（一）茄果类 ··· 2

1 北京市丰台区网友"浆浆珺"问：番茄有些卷叶和小叶，是什么问题？ ····3
2 北京市东城区网友"龙姐"问：西红柿细高个是营养不良吗？
  需要追什么肥料？ ···4
3 北京市昌平区北庄村农户问：番茄中下部叶片发黄、茎秆黑，
  果实很硬，有褐色斑，是什么原因造成的？ ·······································4
4 北京市丰台区刘女士问：番茄还没成熟就烂了，表层发黑，是
  什么病？ ···5
5 山东省姚先生问：京番309以前裂果较少，现在裂果非常多，
  是怎么回事？ ···6
6 北京市顺义区马先生问：番茄上部叶片变黄了，是怎么回事？ ·······7
7 北京市延庆区某用户：番茄是什么病，怎么防治？ ·····························7
8 北京市海淀区陈先生问：番茄苗移栽到地里，有开花的，但坐
  不住果，是不是要人工授粉？ ···8
9 北京市延庆区某用户问：番茄叶片和茎部分叉处有病斑，是什
  么病，怎么防治？ ···9
10 天津市蓟州区某先生问：番茄植株有花前叶（花穗前长片叶），
   并且花量少，茎秆细弱（有徒长现象）应怎么调节？ ·····················9

11 北京市平谷区某用户：番茄叶片上面有斑点，是什么病，怎么防治？ ………………………………………………………………… 10
12 北京市通州区肖先生问：番茄苗总是不长，是什么原因？ …… 11
13 北京市顺义区韩女士问：茄子长着长着就蔫了，是什么原因？ … 11
14 北京市昌平区金先生问：茄子叶片有很多斑点是怎么回事？ …… 12
15 北京市通州区李先生问：茄子顶部起包，是怎么回事？ ……… 13
16 北京市房山区陈先生问：茄子叶片上是什么虫子为害，怎么防治？ ……………………………………………………………… 13
17 辽宁省网友"清风"问：目前使用椭圆钢构的拱棚，茄子生长慢，着色不均匀是什么原因？ ……………………………… 14
18 北京市昌平区胡女士问：茄子叶片发干、发红，果变硬，怎么回事？ ……………………………………………………… 15
19 北京市通州区张女士问：辣椒果实上面出现一块块的白斑，下雨后腐烂，怎么回事？ …………………………………… 15
20 内蒙古自治区网友"蘑菇"问：辣椒顶端腐烂是得了什么病，怎么防治？ ………………………………………………… 16
21 北京市大兴区赵女士问：青椒苗慢慢变蔫，最后死了，是怎么回事？ ……………………………………………………… 17
22 北京市延庆区某用户问：甜椒苗很多萎蔫后死亡，是什么病，怎么防治？ ………………………………………………… 18
23 北京市通州区肖先生问：辣椒底部的侧枝用打掉吗？ ……… 19
24 北京市昌平区某用户问：辣椒刚开花就落了，刚结果也落了，叶子发黄，有点卷，怎么回事？ ………………………… 19
25 北京市顺义区某用户问：辣椒顶尖干了，也不结椒，怎么回事？ … 20

（二）瓜类 …………………………………………………… 21

26 北京市顺义区网友"lit"问：黄瓜底部的叶片外圈发黄，上边正常，怎么回事？ …………………………………………… 22

目 录

27 北京市顺义区张先生问：黄瓜弯瓜现象怎么避免？ ……………… 22

28 北京市顺义区某用户问：黄瓜叶片出现很多斑块，是得了什么病，怎么防治？ …………………………………………………………… 23

29 辽宁省网友"小眼睛图图"问：京研绿玲珑黄瓜只开花不结果，怎么办？ …………………………………………………………………… 24

30 北京市昌平区金先生问：黄瓜叶片上有很多斑点，是不是得了黄瓜霜霉病？ ……………………………………………………………… 24

31 北京市通州区网友"镜雯"问：种了好长时间，黄瓜也不长大，是什么原因？ …………………………………………………………… 25

32 江苏省某女士问：黄瓜叶片是得了什么病，怎么防治？ ……… 26

33 辽宁省葫芦岛市某先生问：地里黄瓜很多长着长着就死了，是发生了枯萎病吗？ …………………………………………………………… 26

34 辽宁省葫芦岛市网友问：黄瓜叶片上有黄褐色斑，是得了什么病，怎么防治？ …………………………………………………………… 27

35 北京市通州区姜女士问：黄瓜顶部有白色结晶，还出现白色的毛，是得了什么病？ …………………………………………………… 28

36 北京市通州区某用户问：黄瓜叶片变白、边缘干枯，是得了什么病？ ………………………………………………………………………… 29

37 北京市通州区某用户问：黄瓜果实尖端软烂是得了什么病，怎么防治？ ……………………………………………………………………… 29

38 北京市通州区姜女士问：大鹏药剂防治黄瓜细菌性角斑病和蚜虫，但打药后叶子就干了，是怎么回事，还能救吗？ …………… 30

39 北京市密云区张先生问：温室西瓜育苗时穴盘较小，导致苗细长生长，目前定植一周，苗仍比较弱，怎么办？ ……………………… 31

40 山东省网友"山东青岛海浪"问：西瓜扁茎多是什么原因？ …… 31

41 北京市大兴区网友"立春农业"问：西瓜坐不住果，怎么回事？ …… 32

42 北京市密云区郑先生问：南瓜叶片上有很多白毛，是得了什么病，怎么防治？ …………………………………………………………… 33

43 北京市房山区张先生问：南瓜得了什么病，怎么防治？ 33
44 北京市海淀区郑女士问：南瓜结瓜后瓜变黄了，是怎么回事？ 34
45 北京市密云区郑先生问：南瓜光长秧子，坐不住瓜，怎样才能坐住瓜？ 35
46 北京市海淀区郑女士问：南瓜生了什么虫子，叶子上有很多，要用什么药防治？ 36
47 河北省邢台市农户问：西葫芦烂了，是怎么回事？ 36
48 北京市顺义区网友"lit"问：西葫芦从头部腐烂，是怎么回事？ 37
49 江苏省陈先生问：甜瓜整株出现萎蔫，是怎么回事？ 38
50 北京市昌平区王先生问：瓠瓜还没长大就化了，是什么原因？ 39
51 北京市通州区姚女士问：苦瓜还没长大，就变红了，是怎么回事？ 39

（三）其他蔬菜 41

52 北京市怀柔区张女士问：白菜叶子长斑穿孔，是哪种真菌性病害？ 42
53 北京市延庆区农户问：大白菜从根部烂了，是什么病，怎么防治？ 42
54 北京市李女士问：白菜的叶子穿孔是得了什么病，怎么防治？ 43
55 北京市密云区农户问：大白菜叶片有黄褐色的斑，是得了什么病，怎么防治？ 44
56 北京市通州区农户问：大部分京秋1518大白菜有干黄叶的情况，是正常现象还是缺钙？ 44
57 北京市平谷区鲍先生问：白菜上是什么虫子，怎么防治？ 45
58 北京市网友"杨大胖"问：扦插的空心菜都开花了，是不是不能要了？ 46
59 北京市房山区用户问：萝卜裂果，里面还黑心了，怎么办？ 46
60 北京市怀柔区张女士问：芹菜茎秆部长白毛，请问是细菌性病害吗？ 47

目 录

61 北京市密云区农户问：芹菜叶片上的斑点是什么病，怎么防治？ ····48
62 北京市海淀区用户问：芹菜得了什么病，怎么防治？ ············49
63 北京市通州区肖先生问：刚定植几天的芹菜根部、茎基部就烂了，还有白毛，是什么原因导致的？ ······················49
64 浙江省用户问：生菜腐烂，是发生了什么病？ ················50
65 北京市平谷区农户问：豆角是得了什么病，怎么防治？ ··········51
66 北京市平谷区农户问：菜豆长了褐色的斑点，是得了什么病，怎么防治？ ································52
67 北京市顺义区用户问：菜豆叶片是什么病？怎么防治？ ··········52
68 北京市房山区网友"调到静音"问：土豆长芽但皮没有变绿，还能吃吗？ ································53
69 北京市延庆区农户问：挖出的马铃薯上有很多凹坑，是怎么回事？ ····································54
70 北京市平谷区农户问：油菜叶背是发生了什么病，怎么防治？ ····54
71 北京市平谷区用户问：穴盘育苗的油菜苗死了，是怎么回事？ ····55
72 北京市大兴区用户问：甘蓝不结球是怎么回事？ ··············56
73 北京市海淀区用户问：菜花叶片上有白斑，是得了白斑病吗？ ····56
74 山东省用户问：甘蓝是得了什么病，怎么防治？ ··············57
75 北京市海淀区用户问：种的西蓝花种子，第二天没有浇水已经干了，有个别种子发芽了，再继续浇水会影响发芽吗？ ········58
76 北京市房山区丁女士问：大葱不缺水，干尖是怎么回事？ ········58
77 河南省网友"小马种植"问：青虫都钻进葱叶里面了，打什么药效果好，打过多次市面药都没有效果，怎么办？ ············59
78 北京市房山区孟先生问：大蒜叶尖发黄是怎么回事？ ············60
79 北京市海淀区网友"Jasmine 然然"问：种植了10天左右的韭菜，苗细弱，是因为土少吗？ ······················61

第二部分 果树

(一) 苹果 ··· 64

1 北京市平谷区韩先生问：苹果得了什么病，怎么防治？ ········ 65
2 北京市房山区霍女士问：今年新移栽的苹果树的枝子慢慢枯了，怎么办？ ··· 66

(二) 梨树 ··· 67

3 湖北省果农柳先生问：梨叶柄发黑造成落叶，是得了什么病，用什么药剂防治好一些？ ·· 68
4 北京市延庆区御蜂谷基地问：老梨树上的果子都是黑斑，怎么管理？ ··· 69
5 北京市房山区霍女士问：梨套着袋，梨果不坏，梨把呈黑色，并造成落果，是什么原因？ ·· 70
6 北京市平谷区王先生问：梨树叶子发红，是怎么回事？ ········ 71
7 北京市大兴区网友"我有草莓吃"问：梨树得了什么病，怎么防治？ ··· 72

(三) 桃、李、杏 ··· 74

8 北京市房山区徐先生问：桃树是怎么回事？ ···················· 75
9 北京市顺义区刘女士问：桃是怎么回事？ ······················ 75
10 河北省保定市张先生问：桃没长大就变褐色，是怎么回事？ ··· 76
11 北京农学院李先生问：春季桃树施肥要点和注意事项有哪些？ ··· 77
12 北京市平谷区张先生问：水蜜桃膨大期出现局部果肉褐变，解袋子时是好的，是怎么回事？ ·· 78
13 北京市平谷区张先生问：9月初中蟠13号的个别枝就开花了，是怎么回事？ ··· 79
14 北京市平谷区刘先生问：桃树枝树皮变灰、变黑，枝条枯死，是怎么回事？ ··· 80

目 录

15 北京市房山区网友"青山"问：桃幼果上出现硬斑，是怎么回事？ ……………………………………………………………… 81

16 河北省网友"A 为你停留"问：李子叶片发黑，往里卷曲，新梢干枯，是得了什么病，怎么防治？ …………………… 82

17 北京市延庆区网友"行天下"问：杏树卷叶是怎么回事？ ……… 83

18 北京市昌平区网友"大善人"问：杏树树皮下潮湿，是得了什么病，怎么防治？ ………………………………………… 84

19 北京市昌平区网友"大善人"问：院子里有两棵杏树，果实稍微大一点就自然脱落了，是怎么回事？ ………………… 85

20 山西省网友"赵-温室技术与设施服务"问：杏树树皮开裂，是怎么回事？ …………………………………………………… 86

21 山西省网友"赵-温室技术与设施服务"问：杏树是什么虫子为害所致，怎么防治？ …………………………………… 87

22 北京市大兴区网友"铮"问：白杏果上有红色斑点，是怎么回事？ ……………………………………………………………… 88

23 北京市大兴区网友"铮"问：白杏树干上有白色絮状物，是怎么回事？ ………………………………………………………… 89

（四）樱桃 …………………………………………………………… 90

24 北京市通州区网友"段姐"问：樱桃树黄叶，叶片上有斑点，是得了什么病，怎么防治？ …………………………………… 91

25 北京市平谷区李先生问：三年生的樱桃树，有一部分树这样了，是怎么回事？ …………………………………………… 92

26 北京市延庆区网友"八亩地刘满富"问：车厘子树干抽皮且没有水分了，是怎么回事？ ………………………………… 92

27 北京市海淀区于先生问：樱桃叶片发黄，结果不多，是怎么回事？ ……………………………………………………………… 93

28 北京市房山区于先生问：樱桃树干上有很多白点，是怎么回事？ ……… 94

29 北京市密云区某网友问：露天山地樱桃修剪技术要点有哪些？……95

30 北京市房山区相先生问：樱桃树得了什么病，如何防治？………96

（五）草莓 · 97

31 河北省廊坊市某网友问：草莓得了什么病，是什么原因
引起的？……………………………………………………………98

32 北京市房山区某用户问：草莓死苗，根茎处呈红色，是得了
什么病，怎么防治？………………………………………………98

33 北京市昌平区某用户问：草莓灰霉病防治用什么药毒性较低？……99

（六）其他果树 · 101

34 北京市海淀区网友"卡卡罗特"问：葡萄是发生了什么病害？…102

35 北京市通州区柴先生问：葡萄得了什么病，是什么原因引起的，
怎么防治？………………………………………………………103

36 北京市丰台区网友"甲子"问：葡萄上有许多黑斑，怎么防治？…104

37 北京市丰台区网友"甲子"问：枣长得很好，表面也没有虫
眼，可里面挨着枣核的地方有很小的肉虫，是什么原因，明
年怎么防治？……………………………………………………105

38 北京市延庆区网友"山峰"问：文玩核桃上有白色的点，
是怎么回事？……………………………………………………107

39 北京市房山区张先生问：西梅树流胶，怎么办？………………108

40 北京市海淀区赵先生问：软枣猕猴桃有褐色的斑，西南和西
北面较多，是怎么回事？………………………………………110

41 河北省沧州市梁先生问：软枣猕猴桃枝条扦插育苗怎样配基质？…110

42 北京市门头沟区某先生问：枸杞得了炭疽病如何防治？………111

43 北京市延庆区某用户问：海棠叶片上的黄斑是什么病所致，
怎么防治？………………………………………………………112

44 北京市大兴区赵先生问：海棠新叶脉间失绿，怎么回事？……112

目 录

45 北京市丰台区网友"甲子"问：柿子树近期叶子已经变黄，边缘变干，是怎么回事？ ················· 113

46 河南省郑州市网友"小马种植"问：冬枣树已经环剥、去芽且未发生虫害，但只开花不坐果，是怎么回事？ ········ 114

47 北京市平谷区某用户问：大棚里的番石榴果实是得了什么病？ ····· 115

48 河北省沧州市网友"梁××河北吴桥"问：猕猴桃在泡沫箱栽培了三年多，树叶发蔫是怎么回事？两天前才浇水施肥（分两次施了一斤多复合肥），养分大怎么办？ ··············· 115

第三部分 粮食作物

（一）玉米 ································ 118

1 北京市房山区网友"霍××"问：玉米苗得了什么病？ ········· 119

2 北京市怀柔区张女士问：玉米心叶发黄，共有3亩地，发病率约20%，是得了什么病，怎么防治？ ············· 120

3 北京市密云区网友"悠然"问：玉米长得很慢，是怎么回事？ ····· 121

4 北京市密云区网友"zzhu"问：玉米蚜虫怎么防治？ ········· 122

5 河北省张家口市某用户问：玉米叶子边缘发黄干枯是怎么回事？ ··· 122

6 河北省衡水市某农户问：春玉米小苗叶片上出现小孔洞和缺刻，然后接二连三地出现地表处茎被咬断，造成缺苗断垄。找不到虫子，是怎么回事？ ·························· 123

7 河北省王先生问：玉米顶腐病发病的原因？ ················ 124

8 北京市延庆区王女士问：当年产量很高的玉米，可以选大穗、好穗留种，用于下一年种植吗？ ················· 124

9 北京市顺义区某女士问：春玉米播种后遇到干旱天气，发现已经发芽了，但顶土出苗困难怎么办？ ················· 125

10 河南省某先生问：鲜食玉米长到四五十厘米就出天穗了，是怎么回事？ ································ 125

11 天津市津南区王女士问：玉米叶色浓绿，叶片僵直，宽短且厚，节间粗短，顶上叶片一簇一簇的，株高不到正常的一半，是怎么回事？ …… 126

12 北京市海淀区王先生问：玉米自交系保种用不用套雄穗？什么时间套好？ …… 126

13 北京市平谷区张先生问：玉米植株高度正常，表现青枝绿叶，但是为什么会出现空秆或长一个很小的穗？ …… 127

（二）小麦 …… 128

14 湖北省襄阳市王先生问：小麦叶片有皱纹是什么原因？ …… 129
15 河南省陈先生问：小麦干枯发黄，怎么办？ …… 130
16 北京市门头沟区刘先生问：小麦收割前遇到下雨天，会不会影响品质？ …… 130
17 河北省王女士问：小麦储藏用什么药熏蒸好？ …… 131
18 天津市某用户问：小麦种子是年年换，还是用自留种好？ …… 131
19 河南省焦作市农户问：什么时候机器收割小麦合适？ …… 132
20 北京市大兴区某用户问：小麦麦秸打捆做什么用？ …… 132
21 北京市平谷区王先生问：小麦种子田去杂保纯有哪些技术要求？ …… 133
22 河北省石家庄市某先生问：小麦怎么测产量？ …… 133
23 北京市海淀区刘女士问：小麦快收获了，机收小麦留茬高度多少合适？ …… 134
24 北京市海淀区某农户问：小麦秸秆还田有哪些技术要求？ …… 135
25 北京市通州区某用户问：小麦每亩播种几斤种子合适？ …… 135
26 北京市大兴区某用户问：小麦播种如何进行拌种？ …… 136
27 北京市大兴区某用户问：种植小麦，底肥和追肥怎样的比例合适？ …… 136
28 北京市通州区网友问：墒情不足造成小麦出苗不齐的地块，应该怎样补水？ …… 137

29 河北省衡水市某用户问：小麦苗期虫害有哪些？ 137
30 北京市大兴区某用户问：北京地区小麦越冬前是否一定要浇冻水？ 138
31 河北省衡水市某用户问：怎么判断小麦是否为旺苗？ 138
32 北京市房山区某用户问：彩色小麦是转基因品种吗？ 139
33 河南省刘女士问：什么是小麦后期的"一喷三防"？ 139

（三）其他作物 140

34 北京市平谷区孙女士问：花生是得了什么病，怎么防治？ 141
35 北京市海淀区某用户问：黄豆叶片和叶尖都发黄和皱缩，是得了什么病，怎么防治？ 141
36 北京市密云区张先生问：谷子是怎么回事？ 142
37 广西壮族自治区南宁市某网友问：一片荒地开垦半年了，但有少量的砖头和石头，适合种植红薯和芋头吗？需要注意什么？ 143
38 重庆市网友问：最近雨水有点多，前几天发现谷子苗黄，幼苗不扎新根，苗上黑色的东西是什么？ 144

第四部分 花卉

1 河北省保定市网友"越过越好"问：绿帝王喜林芋黄叶是怎么回事？ 146
2 北京市海淀区柴女士问：牵牛花叶片是怎么回事？ 146
3 安徽省网友"阜阳玉米"问：牡丹移栽什么时间最好，现在适合牡丹移栽吗？ 147
4 北京市顺义区网友问：冬季如何养护多肉？ 147
5 北京市东城区网友问：冬季养花需要注意哪些问题？ 148
6 北京市东城区网友问：长寿花上的白点是什么，怎么防治？ 148
7 北京市海淀区网友"沈"问：多肉是什么虫子为害的，怎么防治？ 149
8 北京市海淀区陈女士问：绿萝上有黄褐色斑块，怎么回事？ 150

9 北京市海淀区陈女士问：绿萝叶片发黄是怎么回事？ ……… 151
10 北京市海淀区某女士问：这是什么花？如何养护？现在能否换盆？ ……… 152
11 北京市延庆区网友问：绿植花盆土上起白色的盐霜，花盆外也有盐霜疙瘩，是怎么回事？ ……… 152
12 云南省网友"一只羊"问：玫瑰花新长出来的叶片总有些发皱，不过看长势还挺好，怎么回事？ ……… 153
13 云南省网友"一只羊"问：有几棵月季和玫瑰长虫子了，需要打药吗？打什么药？ ……… 154
14 云南省网友"一只羊"问：前段时间月季被红蜘蛛为害，较为严重，连续用了两次药，基本控制住了，但是现在新叶长得很慢或基本不长，怎么办？ ……… 154
15 云南省网友"一只羊"问：扦插两个月的玫瑰花有很多叶片都是这样的，这些叶片逐渐就枯萎了，怎么回事？ ……… 155
16 江苏省某用户问：绿植"一帆风顺"在五一期间干了，还能救活吗？ ……… 156
17 山东省潍坊市网友"雨霁"问：澳洲鸭脚木叶子上有很多白色的虫，该如何处理？ ……… 157
18 北京市海淀区王女士问：夏季如何养护君子兰？ ……… 157
19 河北省衡水市王女士问：月季开完花后怎么修剪？ ……… 158
20 北京市西城区某用户问：独本菊如何秋养？ ……… 158
21 北京市大兴区某用户问：入秋后君子兰养护需要注意什么？ ……… 159
22 河北省石家庄市柴先生问：秋季如何养护发财树？ ……… 160
23 河北省石家庄市某用户问：秋季如何养护月季？ ……… 160
24 北京市海淀区陈女士问：绿萝如何修剪？ ……… 161
25 北京市海淀区某用户问：移栽过冬的紫藤，开春需要用生根粉吗？ ……… 161
26 北京市房山区某用户问：刚入手的山茶花，长满花蕾却不开花是什么原因？ ……… 162

目 录

第五部分 土肥

1 天津市某农户问：为什么作物偏施氮肥效果不好？ ………… 164
2 河北省承德市某农户问：氮、磷、钾化肥在土壤中会发生什么变化？与合理施肥有什么关系？ ……………………………… 164
3 河北省石家庄市某先生问：评价合理施肥的指标有哪些？ …… 165
4 北京市平谷区某先生问：施肥技术包括哪些内容？ …………… 166
5 北京市大兴区某先生问：化肥是怎样污染环境的？ …………… 166
6 北京市门头沟区某先生问：绿色食品与施用化肥有什么关系？ … 167
7 北京市大兴区某用户问：底肥是否用磷钾肥，底肥是否需要施用高氮肥？ ………………………………………………… 168
8 辽宁省刘女士问：哪些作物喜欢铵态氮肥，哪些作物喜欢硝态氮肥？ ……………………………………………………… 169
9 河北省石家庄网友问：砂性土有什么特点，施肥时要注意什么？ … 169
10 北京市大兴区刘先生问：为什么黏性土含钾量高但往往缺钾要施钾肥？ ……………………………………………………… 170

第六部分 食用菌

1 吉林省陈先生问：黑木耳菌袋污染如何进行防治？ …………… 172
2 吉林省通化市兰女士问：如何降低黑木耳接种和培养期间的污染率？ ……………………………………………………… 173
3 山东省闫先生问：黑木耳菌袋怎么了？是被杂菌污染了吗？ …… 174
4 吉林省陈先生问：黑木耳出耳期如何进行管理才能高产稳产？ … 175
5 河北省石家庄市网友问：平菇菌袋是被什么杂菌污染了，采取什么防治措施？ …………………………………………… 176
6 北京市房山区某用户问：平菇立体栽培有何利弊？ …………… 177
7 河北省高女士问：越夏平菇如何提高产量？ …………………… 177

8 河北省衡水市某用户问：大棚种植平菇春季如何管理才能正常出菇？ ·········· 178

9 北京市朝阳区某用户问：平菇出现黄斑或黄化现象是什么原因？如何防治？ ·········· 180

10 北京市门头沟区某用户问：平菇菌种可以重复利用制作母种吗？ ···· 181

11 河北省石家庄市马女士问：种植平菇是鲜销好，还是加工后再出售好？ ·········· 181

12 辽宁省王先生问：香菇菌袋为什么不出菇？ ·········· 182

13 辽宁省张先生问：香菇菌袋是什么杂菌污染？怎么防治？ ·········· 183

14 河北省邢台市王女士问：香菇菌袋出菇期木霉菌污染如何防治？ ···· 184

15 北京市海淀区某用户问：干香菇和湿香菇的营养成分差别大吗？ ·········· 185

16 贵州省龙先生问：真姬菇接种前如何消毒？培养期间还需要消毒吗？ ·········· 185

17 甘肃省朱先生问：栽培竹荪，拌料过程中如何用消毒剂灭菌？ ·········· 186

18 河北省石家庄市某先生问：茶树菇如何种植？ ·········· 186

19 福建省南平市某用户问：接种室上午接种完成后，下午还需要消毒吗？ ·········· 188

20 北京市丰台区某用户问：连年使用的菇房应该注意什么？ ·········· 188

21 河北省石家庄市某用户问：菌棒感染如何再利用？ ·········· 189

22 山西省王先生问：菇棚上的覆盖物如何选择？ ·········· 189

23 河北省廊坊市马女士问：如何防治食用菌线虫病？ ·········· 190

第七部分 畜牧

（一）家畜 ·········· **194**

1 河北省石家庄市马女士问：夏季高产奶牛管理的要点是什么？ ··· 195

2 天津市某先生问：奶牛中暑的症状有哪些？ ·········· 195

3 河北省衡水市某先生问：夏天温度高，如何减少热应激对奶牛的影响？ ……………………………………………………………… 196
4 北京市顺义区石先生问：母羊在产羔后生病了，若打青霉素和庆大霉素，母羊产的奶对羔羊是否有影响？ ………………… 196
5 新疆维吾尔自治区某用户问：有农户反映用了酒糟喂母羊有流产现象，用的是高粱酒糟，内有10%左右稻壳，共60多只羊，一次喂35 kg左右。酒糟需要怎么处理才能饲喂牛羊？ ……… 197
6 北京市昌平区某用户问：如何选用猪的预混料？ …………… 197
7 北京市房山区某网友问：硒对猪有什么作用，为什么饲料中需要补硒？ …………………………………………………………… 198
8 河北省承德市某先生问：哺乳母猪的配方？ ………………… 198
9 北京市昌平区某用户问：什么是母猪批次化生产？ ………… 199
10 北京市房山区某用户问：母猪深部输精注意事项有哪些？ … 199
11 北京市房山区某用户问：猪批次化生产方案设计需要注意事项有哪些？ ………………………………………………………… 200

（二）家禽　　　201

12 北京市大兴区某用户问：散养鸡蛋经常发现裂纹，是什么原因？ … 202
13 河北省衡水市王先生问：散养鸡蛋，脏蛋比例高，怎么办？ … 202
14 河南省王先生问：散养土鸡用不用补充饲料？ ……………… 203
15 北京市大兴区某先生问：鸡场如何建设防鼠设施？ ………… 204
16 河北省衡水市养殖户问：什么是蛋鸡的热应激？如何应对？ … 204
17 河北省廊坊市养殖户问：如何给鸡做颈部皮下疫苗免疫？ … 205
18 河北省衡水市养殖户问：蛋鸡产蛋后期，蛋壳薄、容易破，如何解决？ ………………………………………………………… 206
19 北京市延庆区史先生问：一农户家养的柴鸡中有一只大肚子，现走路和鸭子一样，是什么病？怎么防治？ ………………… 206
20 河北省邢台市王女士问：怎么养鸡少生病？ ………………… 207

21 河北省沧州市王女士问：雏鸭的开饮如何操作？·············· 207
22 河北省衡水市某网友问：如何观察雏鸭来确定温湿度是否合适？····· 208
23 河北省保定市养殖户问：肉鸭育雏前要做好哪些准备工作？···· 208
24 天津市养殖户问：鹅蛋的孵化温度和湿度要求是什么？········ 209
25 河北省邢台市马先生问：养鹅如何使鹅多产蛋？············· 209
26 山西省刘先生问：放牧养鹅有什么要求？··················· 210

第八部分　水产

1 安徽省张先生问：甲鱼身上有褐色的斑是怎么回事？··········· 212
2 北京市东城区周先生问：现在鱼塘里有水、有鱼，还有小黑虫，怎么消毒？·· 212
3 北京市东城区周先生问：鱼塘怎么消毒？······················ 213

多渠道专家服务方式 ·· **214**

第一部分 蔬菜

(一)茄果类

第一部分 蔬菜

1. 北京市丰台区网友"浆浆珺"问：番茄有些卷叶和小叶，是什么问题？

北京市农林科学院蔬菜研究所 推广研究员 陈春秀答：

从图片看，番茄上半部分叶片卷曲、叶形变小，节间变短，主要有以下两点原因。

（1）个别种子带病毒，或者前期有蚜虫，导致番茄发生了病毒病。

（2）前期蹲苗时间过长，使根系老化，节间变短，造成缺水，使上部叶片变小，后期浇水过大，土壤湿度较大，没有新根出现，造成植株萎蔫。

出现这种情况，建议及时松土、追施尿素，可以打"碧护"缓解节间短和叶小的问题。

2 北京市东城区网友"龙姐"问：西红柿细高个是营养不良吗？需要追什么肥料？

北京市农林科学院蔬菜研究所 研究员 张宝海答：

从图片看，植株状态还不错，有个别植株落花，应该是缺少光照造成的。等果实明显膨大时，开始少量多次追肥。追肥可用磷酸二氢钾加少量尿素，或者用高钾的速溶速效复合肥。另外，应及时绑蔓，把蔓紧贴在竹竿上，减少晃动。

3 北京市昌平区北庄村农户问：番茄中下部叶片发黄、茎秆黑，果实很硬，有褐色斑，是什么原因造成的？

第一部分 蔬菜

北京市农林科学院植物保护研究所 研究员 李明远答：

从图片看，是番茄条斑病毒病。这种病毒病不好处理，已经得了，可以打吗啉胍·铜缓解症状，但不能根治。

条斑病毒病一般是在高温条件下，黄瓜花叶病毒和马铃薯Y病毒复合侵染后发生的，它的发生和蚜虫传毒有关。有的地区曾使用防虫纱网防治这种病毒病，取得了一定效果，但是防虫纱网通风差、成本高，不如种在加防虫网的棚里效果好。因此，一些地区不再种春露地番茄，加上抗条斑病毒品种的使用，基本解决了条斑病毒病的发生。

4 北京市丰台区刘女士问：番茄还没成熟就烂了，表层发黑，是什么病？

北京市农林科学院植物保护研究所 副研究员 黄金宝答：

从图片看，番茄果实脐部裂果露籽，是由育苗时温度过低，造成花芽分化不足引起的畸形。而果实表面的黑斑是缺钙所致的番茄脐腐病，可增施一些含钙量高的肥料或追施含钙的叶面肥矫治。

5 山东省姚先生问：京番 309 以前裂果较少，现在裂果非常多，是怎么回事？

北京市农林科学院蔬菜研究所 推广研究员 陈春秀答：

从图片看，番茄是生理性裂果。

主要原因如下：

（1）温度过高；

（2）品种本身皮薄；

（3）干旱或一次性浇水过多。

针对这种情况，采取措施如下：

（1）尽量在温度合适的季节种植，避免在高温季节成熟；

（2）补充钾肥和钙肥；

（3）保持土壤见干见湿，避免大水漫灌。

6 北京市顺义区马先生问：番茄上部叶片变黄了，是怎么回事？

北京市农林科学院蔬菜研究所 推广研究员 陈春秀答：

从图片看，番茄上部叶片整片变黄，是缺氮和缺铁导致的。主要是在田间管理过程中不能及时浇水和施肥造成的。

补救措施：及时补水，同时追施氮肥和钾肥，还可以叶面补充叶面肥和螯合铁，每周1次，连续3次，可以有效缓解番茄叶片缺素症。

7 北京市延庆区某用户问：番茄是什么病，怎么防治？

北京市农林科学院植物保护研究所 副研究员 黄金宝答：

从图片看，是番茄晚疫病，是由疫霉菌引起的真菌病害。

最好的防治方法是控制"明水"，即看得见的水，如露水、棚膜滴水、浇水、打药喷雾的药水、雨水等。

防治番茄晚疫病的药剂有25%吡唑醚菌酯（凯润）、50%烯酰吗啉（安克）、72.2%普力克水剂、72%克露可湿性粉剂等，尽量轮换用药，在番茄晚疫病发病期选择晴天上午用药，用药2～3次，间隔期5～7天。

8 北京市海淀区陈先生问：番茄苗移栽到地里，有开花的，但坐不住果，是不是要人工授粉？

北京市农林科学院蔬菜研究所 推广研究员 陈春秀答：

番茄合适的授粉温度为25～28℃，自然条件下就能授粉。但是三伏天温度高，花粉败育，不适合番茄坐果，必须人工辅助授粉，可以用保果宁沾花或利用蜜蜂等昆虫授粉。

第一部分　蔬菜

9 北京市延庆区某用户问：番茄叶片和茎部分叉处有病斑，是什么病，怎么防治？

北京市农林科学院植物保护研究所　副研究员　黄金宝答：

从图片看，是番茄早疫病，一定要早发现、早防治。防治过程中除尽量降低湿度外，可使用代森锰锌、早霜灵、吡唑醚菌酯（凯润）等农药防治2~3次，间隔期7~10天。

10 天津市蓟州区某先生问：番茄植株有花前叶（花穗前长片叶），并且花量少，茎秆细弱（有徒长现象）应怎么调节？

北京市农林科学院植物保护研究所 副研究员 黄金宝答：

从图片看，是番茄花前枝，是品种退化造成的。要防治花前枝，最彻底的方法是品种培育单位进行提纯复壮。另外，在发现有这种花时，尽量早摘除花前的叶尖，减轻对花果的影响，可以在下茬更换其他品种。花量少、茎秆细弱（有徒长现象）与前期高温（特别是夜间高温）有关，降温后可增施磷钾肥，增强植株的抵抗力。

11 北京市平谷区某用户：番茄叶片上面有斑点，是什么病，怎么防治？

北京市农林科学院植物保护研究所 副研究员 黄金宝答：

从图片看，是番茄叶霉病，属真菌性病害。可用氟硅唑（福星）1000～1500倍液、吡唑醚菌酯（凯润）1500倍液等药剂防治。一定在晴天上午，打完药后闭棚，等棚温提高6～8℃后放风，开风口一定要从小到大，以免闪苗，5～7天1次，2～3次即可。

12 北京市通州区肖先生问：番茄苗总是不长，是什么原因？

北京市农林科学院蔬菜研究所 推广研究员 陈春秀答：

从图片看，番茄苗不长的主要原因是缺水。从苗的叶片及生长点可以看出：叶片颜色墨绿、叶子发皱、节间短、第二穗花序已经开花，是严重缺水的表现。

建议如下：

（1）定植后一定要及时浇缓苗水，即定植7天后进行浇缓苗水；

（2）图片这种状况应及时浇水、追施尿素，促进生长；

（3）植株小、叶片小，可以把第一穗花去掉，先促进营养生长。

13 北京市顺义区韩女士问：茄子长着长着就蔫了，是什么原因？

北京市农林科学院蔬菜研究所 推广研究员 陈春秀答：

从图片看，是茄子黄萎病，初步判断是重茬造成的。老百姓把这种情况叫作"茄子半边疯"，即发病初期先是半边叶片变黄，然后逐渐萎蔫、死亡。

比较好的解决办法是用嫁接苗或进行轮作倒茬。一般3年以上轮作后，才能在这块地上再种植茄子。

 北京市昌平区金先生问：茄子叶片有很多斑点是怎么回事？

北京市农林科学院蔬菜研究所 推广研究员 陈春秀答：

从图片看，茄子叶片有斑点存在两种可能：

一是目前温度高、湿度大造成茄子发生了细菌性斑点病，可以用加瑞农、可杀得等药剂进行防治；二是茄子棚内有蓟马，蓟马刺吸叶片造成了枯斑，可以用阿维菌素等杀虫剂进行防治，同时可以挂蓝板诱杀蓟马。

北京市通州区李先生问:茄子顶部起包,是怎么回事?

北京市农林科学院蔬菜研究所 推广研究员 陈春秀答:

从图片看,茄子果前面空洞、起鼓包,而且发软,是缺钙现象。主要是结果期水分不足、缺乏钾肥造成的。

建议在茄子果实膨大期及时浇水,少施氮肥,多施磷钾肥。可以在生长过程中叶面喷施钙肥,或者结合追肥,一起冲施钙肥。

 北京市房山区陈先生问:茄子叶片上是什么虫子为害,怎么防治?

北京市农林科学院蔬菜研究所 推广研究员 陈春秀答：

从图片看，茄子叶片背面是烟粉虱。

防治方法如下。

（1）通风口、门窗处加设 50～60 目防虫网，防止外源害虫迁入。

（2）物理防治：在田间悬挂黄色粘板，诱捕烟粉虱成虫。

（3）药剂防治：用吡蚜酮水分散粒剂加呋虫胺可湿性粉剂；烯啶虫胺可湿性粉剂加噻虫嗪水分散粒剂；烯啶虫胺水分散粒剂等药剂进行防治。

17 辽宁省网友"清风"问：目前使用椭圆钢构的拱棚，茄子生长慢，着色不均匀是什么原因？

北京市农林科学院蔬菜研究所 研究员 张宝海答：

从图片看，植株生长状况不良，有虫害、病害，注意防治蓟马、茶黄螨、蚜虫、白粉虱、红蜘蛛及白粉病等病虫害。同时要加强温度及水肥管理，白天温度保持在 26～30 ℃，晚上需保持在 16～20 ℃。

18 北京市昌平区胡女士问:茄子叶片发干、发红,果变硬,怎么回事?

北京市农林科学院蔬菜研究所 推广研究员 陈春秀答:

从图片看,茄子是红蜘蛛为害所致。夏季高温季节是露地茄子红蜘蛛高发时节,一定要注意防范。

防治方法如下。

(1)要勤浇水,保持土壤湿润。

(2)早发现,早防治,一旦发现尽早进行药剂防治。可以用哒螨灵、阿维菌素,每6~7天防治1次。注意打药一定要均匀,不留死角。

19 北京市通州区张女士问:辣椒果实上面出现一块块的白斑,下雨后腐烂,怎么回事?

北京市农林科学院蔬菜研究所 推广研究员 陈春秀答：

从图片看，辣椒是发生了日灼病。因为辣椒植株上部的叶片少，阳光直射在果实表面造成果面灼伤，遇到雨水或湿度大时就会引起腐烂。

防治方法如下：

（1）夏季辣椒种植时套种玉米，可以有效遮阴；

（2）可以利用遮阳网遮阴；

（3）结果前促进营养生长，让植株有足够的叶片，免于果实暴露在阳光下。

20 内蒙古自治区网友"蘑菇"问：辣椒顶端腐烂是得了什么病，怎么防治？

北京市农林科学院植物保护研究所 研究员 李明远答：

从图片看，是辣椒脐腐病，可能是由高温干旱造成的。

补救措施：如果是在保护地里，可以浇水并在棚上遮阴；露地就只能及时浇水。另外，可以施含高钙的叶面肥，或者用百万分之五的萘乙酸配0.3%的氯化钙叶面追肥。

21 北京市大兴区赵女士问：青椒苗慢慢变蔫，最后死了，是怎么回事？

北京市农林科学院蔬菜研究所 推广研究员 陈春秀答：

从图片看，青椒发生了青枯病。

主要原因如下：

（1）微酸性土壤有利于青枯病的发生；

（2）整地不平，造成积水；

（3）重茬；

（4）种苗就带有青枯病菌。

防治方法如下。

（1）微碱性土壤可抑制青枯菌的生长。整地做畦时，每亩撒消石灰 50～100 kg，然后翻耙地面，将酸性土质调整为微碱性，抑制病菌生长，以减轻危害。

（2）培育无病苗，苗壮又不伤根，可抗御病菌侵袭。

（3）整地要平整，最好采用小高畦种植。

（4）用滴灌进行浇水施肥。

（5）发现有青枯病株应尽早拔除，可用可杀得等药剂进行防治。

22 北京市延庆区某用户问：甜椒苗很多萎蔫后死亡，是什么病，怎么防治？

北京市农林科学院植物保护研究所 副研究员 黄金宝答：

从图片看，是疫病。防治该病，应在晴天的上午用72%普力克水剂1000～1500倍液喷雾防治，一定要全株防治，并让药液沿茎流入土壤。如是设施栽培，可在喷完药后关闭风口，待棚温提高6～8℃后再放风，注意开风口一定要从小到大，以免闪苗。5～7天后再喷1次药，共需2～3次。

23 北京市通州区肖先生问：辣椒底部的侧枝用打掉吗？

北京市农林科学院蔬菜研究所 推广研究员 陈春秀答：

辣椒底部的侧枝一般长到10厘米左右就要打掉，如果打得太早不利于根系生长，太晚又会消耗营养，影响植株生长和结椒，所以一般在10厘米（不超过15厘米）时打掉侧枝和门椒底部的叶片。

24 北京市昌平区某用户问：辣椒刚开花就落了，刚结果也落了，叶子发黄，有点卷，怎么回事？

北京市农林科学院蔬菜研究所 推广研究员 陈春秀答：

从图片看，辣椒落花落果主要原因如下：

（1）光照弱，营养生长过旺；

（2）与温度有关，温度高，昼夜温差小也会引起落花落果；

（3）特别是盆栽，一次性浇水过大或干旱会引起落花落果。

鉴于以上原因，建议把盆移到室外，保持土壤湿润，一次性浇水不要太大。可以施用高钾肥，促进坐果。

25 北京市顺义区某用户问：辣椒顶尖干了，也不结椒，怎么回事？

北京市农林科学院蔬菜研究所 推广研究员 陈春秀答：

从图片看，是红蜘蛛为害所致。夏季高温季节是露地辣椒红蜘蛛高发时节，一定要注意防范。

建议如下。

（1）要勤浇水，保持土壤湿润。

（2）早发现，早防治。一旦发现尽早进行药剂防治，可用哒螨灵或阿维菌素，每6～7天防治1次。注意打药一定要均匀，不留死角。

（二）瓜类

26 北京市顺义区网友"lit"问：黄瓜底部的叶片外圈发黄，上边正常，怎么回事？

北京市农林科学院蔬菜研究所 推广研究员 陈春秀答：

从图片看，黄瓜是发生了缺素症，而且发生在前期，是由于前期灌水忽干忽湿或底肥烧根，造成生长受阻。现在上部叶片色泽恢复正常了，正常管理就行。7月雨水多，应注意防止涝害发生。

27 北京市顺义区张先生问：黄瓜弯瓜现象怎么避免？

北京市农林科学院蔬菜研究所 推广研究员 陈春秀答：

夏季温度过高、缺水、结瓜期浇水追肥不及时、严重缺肥，或者光照弱、生长势过旺等原因会使黄瓜产生弯瓜。在管理中，夏季黄瓜要勤浇水，特别是结瓜期，隔一天浇一次水，隔一水施一次肥。施钾肥，少施氮肥，有利于调节营养生长和生殖生长，使结出的黄瓜果实更顺直，品质更好。

28 北京市顺义区某用户问：黄瓜叶片出现很多斑块，是得了什么病，怎么防治？

北京市农林科学院植物保护研究所 副研究员 黄金宝答：

从图片看，是黄瓜细菌性角斑病。防治该病，可使用抗生素类农药（如多抗霉素、中生菌素等）或含铜制剂（如可杀得贰千、王铜等）防治。

29 辽宁省网友"小眼睛图图"问:京研绿玲珑黄瓜只开花不结果,怎么办?

北京市农林科学院蔬菜研究所 研究员 张宝海答:

从图片看,黄瓜秧子长势还不错,现在把下边 5～6 片叶、侧枝和花都打掉,最下边的 3 片叶也打掉,再控制一下浇水,等有瓜坐住后再浇水,应该就可以结果了。

30 北京市昌平区金先生问:黄瓜叶片上有很多斑点,是不是得了黄瓜霜霉病?

第一部分　蔬菜

北京市农林科学院蔬菜研究所　推广研究员　陈春秀答：

从图片看，不是黄瓜霜霉病，更像是药害或肥害。这种情况如果发生在没打药之前或没施肥前，有可能是细菌性斑点病，应当是前期湿度大造成的。目前叶斑已经干枯，病征不明显，因此考虑是药害或肥害。图片上的植株的上部叶片已经正常了，后面的生长应当不受影响，可继续观察再做处理。

31 北京市通州区网友"镜雯"问：种了好长时间，黄瓜也不长大，是什么原因？

北京市农林科学院蔬菜研究所　研究员　张宝海答：

从图片看，目前黄瓜开花的果实是正常的。果实从小到大，有着自己的生长规律，如果生长的环境条件好，果实的生长就会快一些，如果条件差就会慢一些，如果差的多，可能就会出现化瓜现象。为了减少营养消耗，可以把下边的雄花打掉，没有开花的雌花也可以疏掉一些。

32 江苏省某女士问：黄瓜叶片是得了什么病，怎么防治？

北京市农林科学院植物保护研究所 副研究员 黄金宝答：

从图片看，是黄瓜霜霉病。防治黄瓜霜霉病，要清除病叶并加强棚室管理，尽量减少"明水"，然后可用烯酰吗啉、克露、普力克、吡唑醚菌酯等药防治。但强调一点，一定要在晴天上午打药，药后关闭风口，待棚温提高后再放风。

33 辽宁省葫芦岛市某先生问：地里黄瓜很多长着长着就死了，是发生了枯萎病吗？

北京市农林科学院植物保护研究所 副研究员 黄金宝答：

从图片看，黄瓜出现了大面积的枯萎死亡，这种情况有可能是线虫为害或是发生了枯萎病。可拔出植株，观察根部有无根结样的肿瘤。如果有，则表明是线虫为害；如果没有，可将瓜茎掰开，观察维管束是否变色，如果维管束变成黄褐色，则表明是发生了枯萎病。如果以上两种情况都没有，则需要考虑是否是管理不当所致。

34 辽宁省葫芦岛市网友问：黄瓜叶片上有黄褐色斑，是得了什么病，怎么防治？

北京市农林科学院植物保护研究所 副研究员 黄金宝答：

从图片看，是黄瓜炭疽病，属真菌性病害。可用苯醚甲环唑（世高）、戊唑醇、咪鲜胺等药防治，需防治2～3次，间隔期7～10天，可轮换用药，以减缓病菌抗药性的产生。尽量在晴天上午打药，打完药后关闭风口，待棚温提高6～8℃后再放风。

35 北京市通州区姜女士问：黄瓜顶部有白色结晶，还出现白色的毛，是得了什么病？

北京市农林科学院蔬菜研究所 推广研究员 陈春秀答：

从图片看，是菌核病。主要是因为棚内湿度过大，黄瓜顶部有花，容易积累水分，而且前一周阴天温度较低，容易得菌核病。

防治方法如下。

（1）将得了菌核病的瓜摘掉并带出棚外，免得传播。

（2）晴天后，把棚温升高，打开上风口放风，降低棚内湿度。

（3）全地膜覆盖。

（4）不要一次性浇大水。

（5）在发病初期开始喷药，可选用嘧霉胺、啶酰菌胺（凯泽）、腐霉利、异菌脲等喷雾防治，每隔7~10天喷1次，连续喷3~4次。

第一部分　蔬菜

36 北京市通州区某用户问：黄瓜叶片变白、边缘干枯，是得了什么病？

北京市农林科学院植物保护研究所　副研究员　黄金宝答：

从图片看，是非传染性病害，也称为生理病害，是由植物生长发育条件不适造成的病害，不需要用药，找出发病原因消除即可。黄瓜叶片边缘干枯，可能与肥害、风闪及温度过低（高）有关；而中间主叶片变白，尚不清楚具体原因，可将发生区域周围环境及管理方法回顾，找出与其他不同之处改正即可。

37 北京市通州区某用户问：黄瓜果实尖端软烂是得了什么病，怎么防治？

北京市农林科学院植物保护研究所 副研究员 黄金宝答：

从图片看，是黄瓜菌核病。

防治方法如下。

（1）用药前，摘除病果、病花和病叶，尽量找净。

（2）药剂可用速克灵、嘧霉胺、克得灵、啶酰菌胺（凯泽）等，应在晴天上午使用，重点喷施果实头部，喷完药后关闭风口，待棚温提高6～8℃后再放风，开风口应从小到大，防止闪苗。另外，上述几种药可轮换使用，尽量不混用，7天左右使用1次。

38 北京市通州区姜女士问：大鹏药剂防治黄瓜细菌性角斑病和蚜虫，但打药后叶子就干了，是怎么回事，还能救吗？

北京市农林科学院蔬菜研究所 推广研究员 陈春秀答：

经详细沟通得知，用户对细菌性角斑病和蚜虫进行药剂防治时，实际药剂配比比药剂要求的配比高了1倍，而且没有充分搅拌均匀，造成了药害。建议严格按照药剂说明配比使用，而且要充分搅拌均匀后再喷洒。现在把已经干枯的叶片打掉，浇水施肥，促进生长。

39 北京市密云区张先生问：温室西瓜育苗时穴盘较小，导致苗细长生长，目前定植一周，苗仍比较弱，怎么办？

北京市农林科学院蔬菜研究所 推广研究员 陈春秀答：

西瓜刚定植，缓苗后要控水，适当降低温度，夜间保持在10～12℃，蹲苗，可促使苗变壮实。

40 山东省网友"山东青岛海浪"问：西瓜扁茎多是什么原因？

北京市农林科学院蔬菜研究所 推广研究员 陈春秀答：

西瓜扁茎，多在夜温较低、温差大时发生。另外，使用除草剂或肥多等情况也会出现扁茎。

 41 北京市大兴区网友"立春农业"问：西瓜坐不住果，怎么回事？

北京市农林科学院蔬菜研究所 推广研究员 陈春秀答：

西瓜在前期生长期间遇到连阴天、光照不足，影响西瓜花芽分化，所以雌雄花少。夜温高影响花芽分化。土壤过于干旱造成雄花花粉不开裂无法授粉。建议适当浇水，保障花粉正常形成，利用激素沾花确保西瓜正常坐果。

第一部分 蔬菜

42 北京市密云区郑先生问：南瓜叶片上有很多白毛，是得了什么病，怎么防治？

北京市农林科学院蔬菜研究所 推广研究员 陈春秀答：

从图片看，南瓜得了白粉病，而且还比较严重。

主要原因：雨水比较多，空气湿度大，昼夜温差小，南瓜叶片大，通风效果差，这种情况下容易发生白粉病。

补救措施：把发病严重的叶片打掉，用嘧菌酯类的药物进行药剂防治，打药时间应选择早上或晚间，防止高温产生药害。

43 北京市房山区张先生问：南瓜得了什么病，怎么防治？

北京市农林科学院蔬菜研究所 推广研究员 陈春秀答：

从图片看，南瓜得了病毒病。病毒病是南瓜夏季露地种植中发生率最高的病害之一，可以使南瓜的商品性严重下降甚至绝收。

防治措施如下。

（1）选择种植抗病的南瓜品种，如蜜本南瓜。

（2）夏季高温有利于发病，蚜虫是传播病毒病的根源。可利用防虫网防止蚜虫为害或用药剂及时防治蚜虫。没有蚜虫的传播，就会减少南瓜病毒病的发生。

（3）在播种期，要提前育苗，晚霜后定植，植株前期生长健壮，抵抗病毒的能力增强，高温来临之前，已经开花结果，可以减少病毒病的发生。

44 北京市海淀区郑女士问：南瓜结瓜后瓜变黄了，是怎么回事？

第一部分 蔬菜

北京市农林科学院蔬菜研究所 研究员 张宝海答:

从图片看,南瓜是发生化瓜了。一般来说,南瓜出现化瓜与授粉失败、光照不足、通风不良等因素有关,可打掉下边的老黄叶,降低营养消耗。

45 北京市密云区郑先生问:南瓜光长秧子,坐不住瓜,怎样才能坐住瓜?

北京市农林科学院蔬菜研究所 推广研究员 陈春秀答:

从图片看,南瓜明显出现了旺长。

主要原因如下。

(1)前期施用氮肥过多,造成营养生长过旺。

(2)阴天比较多,光照弱,不利于南瓜坐瓜。

建议如下。

(1)把植株下部的老叶多打几片,抑制营养生长。

(2)少浇水,控制水分,等坐瓜后再浇水。

（3）授粉后，可以用手把授粉前的节间处捏劈，这么做能有效抑制营养流向生长点，使营养集中在幼果上，可以有效提高坐果率。

46 北京市海淀区郑女士问：南瓜生了什么虫子，叶子上有很多，要用什么药防治？

北京市农林科学院植物保护研究所 研究员 李明远答：

从图片看，南瓜叶子上的是蚜虫，可以用1000倍液的吡虫啉防治。

47 河北省邢台市农户问：西葫芦烂了，是怎么回事？

北京市农林科学院蔬菜研究所 研究员 张宝海答:

从图片看,是用户打叶太多,造成西葫芦化瓜。一般来说,一次打叶不能太多,植株下部的1/3老叶可以打掉,多于1/3属于打叶过度。打叶时要把叶子从叶柄的基部剪掉,不要留太长的叶柄。

 北京市顺义区网友"lit"问:西葫芦从头部腐烂,是怎么回事?

北京市农林科学院蔬菜研究所 研究员 张宝海答:

从图片看,是腐生菌造成的西葫芦褐腐病。原因是在高湿的环境下,病菌从萎蔫的花冠侵入,造成西葫芦果实从头部腐烂。夏季高温时节不适合西葫芦生长,容易发生病毒病及其他病害,建议改种夏季耐热的其他蔬菜。

49 江苏省陈先生问：甜瓜整株出现萎蔫，是怎么回事？

北京市农林科学院蔬菜研究所 推广研究员 陈春秀答：

从图片看，是典型的甜瓜蔓枯病。主要原因是前期茎基部比较湿，给病菌发病创造了有利条件。图中甜瓜发病比较严重，没有办法恢复了，只能拔掉。拔掉后，应当用多菌灵、百菌清或甲基托布津等药剂对病株周围的土壤进行消毒，或者将生石灰散在瓜穴土壤中，避免因为浇水传染给周边的植株。

为了防止以后出现类似情况，注意在苗期或刚发病时将多菌灵或百菌清和成糊状涂抹在病斑处，能够防止病害蔓延。

第一部分 蔬菜

 北京市昌平区王先生问：瓠瓜还没长大就化了，是什么原因？

北京市农林科学院蔬菜研究所 推广研究员 陈春秀答：

瓠瓜需要进行人工授粉，才容易坐瓜，如果没授粉就会化瓜。生产中如果植株秧子生长势过旺，或者没有去掉坐瓜处的侧枝，就会造成营养都在植株上，结的瓜得不到营养，就会出现化瓜。

 北京市通州区姚女士问：苦瓜还没长大，就变红了，是怎么回事？

北京市农林科学院蔬菜研究所 推广研究员 陈春秀答：

从图片看，苦瓜秧子生长势过强，因此不利于果实的生长。应当把多余的侧枝打掉，让营养集中在果实上，果实就会长大。另外，管理中要少施氮肥，适度控制水分。

(三)其他蔬菜

52 北京市怀柔区张女士问：白菜叶子长斑穿孔，是哪种真菌性病害？

北京市农林科学院植物保护研究所 副研究员 黄金宝答：

从图片看，白菜像是得了白斑病，是真菌性病害，可用多菌灵、代森锰锌，也可以用异菌脲和吡唑醚菌酯（凯润）等药剂防治，后者的效果更好。

53 北京市延庆区农户问：大白菜从根部烂了，是什么病，怎么防治？

北京市农林科学院植物保护研究所 副研究员 黄金宝答：

从图片看，是大白菜软腐病，属于细菌性病害，应使用防治细菌的药剂及早防治。主要防治方法是灌根，即在早期喷药时，让药液流入根部。防治细菌的药剂主要是含铜制剂（可杀得、络氨铜、喹啉铜等）和抗生素（多抗霉素、春雷霉素等）两类农药，用药3～4次，间隔期7～10天。

54 北京市李女士问：白菜的叶子穿孔是得了什么病，怎么防治？

北京市农林科学院植物保护研究所 研究员 李明远答：

从图片看，白菜是得了霜霉病。目前，可用70%乙膦铝锰锌可湿性粉剂500倍液、70%百菌清可湿性粉剂600倍液或72%霜脲·锰锌（克露、克抗灵、克霜氰）800～1000倍液防治。

55 北京市密云区农户问：大白菜叶片有黄褐色的斑，是得了什么病，怎么防治？

北京市农林科学院植物保护研究所 副研究员 黄金宝答：

从图片看，是大白菜黑斑病，属于真菌性病害。可用多菌灵、异菌脲或吡唑醚菌酯（凯润）等药剂防治2～3次，每次间隔7～10天。注意尽量轮换用药，防止病菌产生抗药性。

56 北京市通州区农户问：大部分京秋1518大白菜有干黄叶的情况，是正常现象还是缺钙？

北京市农林科学院植物保护研究所 研究员 李明远答:

病斑如果是从叶缘开始向内发展有可能是黑腐病,目前距用户第一次咨询这个问题已经过了10天,天气开始变冷了,温度已经低于25 ℃不适合发病,可以不防治。

57 北京市平谷区鲍先生问:白菜上是什么虫子,怎么防治?

北京市农林科学院植物保护研究所 推广研究员 石宝才答:

从图片看,是黄条跳甲,只能喷些菊酯类杀虫剂,注意喷的时候从四周向中间转着喷,才能保证防治效果。

58 北京市网友"杨大胖"问：扦插的空心菜都开花了，是不是不能要了？

北京市农林科学院蔬菜研究所 研究员 张宝海答：

如果是露天种植的空心菜，开花就意味着植株老化，新叶也几乎不再长了，尽快收获能吃的植株；如果是种在温室里，可以把空心菜的老尖掐掉些，提高管理温度，保持土壤湿润，促进发新生叶，新生的嫩叶还可以收获。

59 北京市房山区用户问：萝卜裂果，里面还黑心了，怎么办？

第一部分 蔬菜

北京市农林科学院蔬菜研究所 研究员 张宝海答：

从图片看，是管理不当引起的糠心病。种植萝卜应选择好的土壤和地块，田间最好没有瓦砾；播种前不要施没有腐熟的有机肥，不要使用种肥；要适时播种，不要过早；生长后期要保持土壤湿润，不要过干后再浇水，以免引起糠心；适时收获，目前收获好像有些晚，对品质也有一些影响。

60 北京市怀柔区张女士问：芹菜茎秆部长白毛，请问是细菌性病害吗？

北京市农林科学院植物保护研究所 副研究员 黄金宝答：

从图片看，芹菜不是发生了细菌性病害，而是发生了真菌性病害的芹菜菌核病。目前已经有菌丝索了，很快就要形成菌核了。防治方法如下。

要先将病株拔掉，然后在种植穴内撒上生石灰消毒，药剂可用速克灵、嘧霉胺、克得灵或适乐时等（应在晴天上午使用）。喷完药后关闭风口，待棚温提高 6～8℃后再放风，开风口应从小到大，防止闪苗。

另外，上述几种药可轮换使用，尽量不混用，7天左右使用1次，需2~3次，用速克灵烟剂防治最好。

61 北京市密云区农户问：芹菜叶片上的斑点是什么病，怎么防治？

北京市农林科学院植物保护研究所 副研究员 黄金宝答：

从图片看，这是芹菜斑枯病，属于真菌性病害，主要是低温高湿条件引起的。防治方法如下。

在没发病前或刚发病时，最好用45%百菌清烟剂250克/亩熏棚；发病严重时，可用50%扑海因烟剂150克/亩和15%杀毒矾烟剂300克/亩等。分散5~6处点燃熏棚，熏蒸一夜，10天熏1次。如无烟剂，也可用40%福星乳油8000倍液、70%代森联干悬浮剂600倍液或50%烯酰吗啉可湿性粉剂2500倍液防治2~3次，间隔期7~10天，最好在晴天上午打药，打完后，关闭风口，待棚温提高6~8℃后再放风，开风口应从小到大，防止闪苗。

62 北京市海淀区用户问：芹菜得了什么病，怎么防治？

北京市农林科学院植物保护研究所 副研究员 黄金宝答：

从图片看，像是芹菜软腐病。可用防治细菌性病害的药剂进行防治，如可杀得贰千等含铜制剂或多抗霉素、新植霉素等抗生素类药剂。若为有机种植的，可用枯草芽孢杆菌进行防治。

63 北京市通州区肖先生问：刚定植几天的芹菜根部、茎基部就烂了，还有白毛，是什么原因导致的？

北京市农林科学院蔬菜研究所 推广研究员 陈春秀答：

从图片看，一是定植得比较深，造成缓苗慢；二是定植后浇水过大、地温低，不利于缓苗。以上原因造成芹菜根部、茎基部腐烂，从而出现死苗现象。白色的物质是苗死亡后引起的菌核病，因此要及时清理死苗。注意：如果芹菜定植后地温、气温比较低，要尽量少浇水，待地温提高后再浇缓苗水。

64 浙江省用户问：生菜腐烂，是发生了什么病？

北京市农林科学院植物保护研究所 研究员 李明远答：

首先要观察是干腐还是湿腐？生菜是不是一块一块地烂？

如果是干腐，可能是发生了干烧心；如果是湿腐，可能是发生了软腐病或菌核病。干烧心和缺水有关；软腐病、菌核病和浇水多有关。

北京市平谷区农户问：豆角是得了什么病，怎么防治？

北京市农林科学院植物保护研究所 副研究员 黄金宝答：

从图片看，应该是豆角菌核病，防治方法如下。

（1）用药前摘除病残体，主要是病叶和发病的叶柄及病果，尽量找净。

（2）防治药剂可用速克灵、嘧霉胺、克得灵、啶酰菌胺（凯泽）和咯菌腈等，可根据发病区的病菌抗药性选择。应在晴天上午打药，打药要周到、均匀；喷完药后，关闭风口，待棚温提高 6～8 ℃后再放风，开风口应从小到大，防止闪苗。

（3）上述几种药剂可轮换使用，尽量不混用，需要 2～3 次，间隔期为 7 天左右。

66 北京市平谷区农户问：菜豆长了褐色的斑点，是得了什么病，怎么防治？

北京市农林科学院植物保护研究所 副研究员 黄金宝答：

从图片看，像是菜豆锈病，可参考菜豆白粉病的用药。可用凯润（吡唑醚菌酯）、乙嘧酚、卡拉生（硝苯菌酯）、露娜森（氟菌·肟菌酯）、健达（唑醚·氟酰胺）等药防治，尽量轮换用药，间隔期5～7天，需3～4次，尽量上午打药。

67 北京市顺义区用户问：菜豆叶片是什么病？怎么防治？

北京市农林科学院植物保护研究所 副研究员 黄金宝答：

从图片看，这是菜豆灰霉病。防治方法如下。

第一部分 蔬菜

（1）用药前摘除病果、病花和病叶，尽量找干净。

（2）药剂可用速克灵、嘧霉胺、克得灵、凯泽（啶酰菌胺）等，应在晴天上午使用，重点喷施果实头部，喷完药后，关闭风口，待棚温提高6～8℃后再放风，开风口应从小到大，防止闪苗。

（3）上述几种药可轮换使用，尽量不混用，7天左右使用1次，连用2～3次。

68 北京市房山区网友"调到静音"问：土豆长芽但皮没有变绿，还能吃吗？

北京市农林科学院蔬菜研究所 研究员 张宝海答：

从图片看，不是日光照射下发出的绿芽，应该可以吃。可以把芽及附近去掉，用水泡洗，吃的时候要炒熟煮透，充分破坏可能产生的龙葵素，注意不要一次吃太多。

69 北京市延庆区农户问：挖出的马铃薯上有很多凹坑，是怎么回事？

北京市农林科学院植物保护研究所 副研究员 黄金宝答：

从图片看，马铃薯上有很多凹坑是蛴螬为害所致。蛴螬主要来源于没有腐熟的农家肥，因此种植过程中一定要使用腐熟的有机肥料。另外，也可以用辛硫磷、敌百虫或菊酯类农药灌根防治2~3次，间隔期7~10天。

70 北京市平谷区农户问：油菜叶背是发生了什么病，怎么防治？

第一部分 蔬菜

北京市农林科学院植物保护研究所 副研究员 黄金宝答：

从图片看，是油菜霜霉病。可先摘除病叶，并加强棚室管理，尽量降低棚内湿度，防止"明水"产生，同时可用烯酰吗啉、克露、普力克、吡唑醚菌酯（凯润）等药防治。需要强调一点，一定要在晴天上午打药，药后提温后再放风。

71 北京市平谷区用户问：穴盘育苗的油菜苗死了，是怎么回事？

北京市农林科学院蔬菜研究所 推广研究员 陈春秀答：

从图片看，这是蔬菜苗期的猝倒病。浇水过大、夜温低造成茎基部湿度大，2～3天就能引发猝倒病。防治办法如下。

（1）在连阴天且温度低的情况下，禁止浇水。

（2）浇水时要见干见湿。

（3）如果在连阴天，茎基部比较湿的情况下，可以在穴盘上覆一层蛭石，降低湿度，以减少猝倒病的发生。

(4)猝倒病发生后应尽快把病苗拔掉,并选用霜霉威、恶霉灵等药剂处理。

72 北京市大兴区用户问:甘蓝不结球是怎么回事?

北京市农林科学院蔬菜研究所 研究员 张宝海答:

从图片看,植株整体较小,应该是还没到结球的时候,还要再继续生长一段时间才能结球。

73 北京市海淀区用户问:菜花叶片上有白斑,是得了白斑病吗?

北京市农林科学院植物保护研究所 研究员 李明远答：

从图片看，可以肯定不是白斑病。好像都是在展开的叶片上，应该是菜花生长发育的某个阶段叶片受到伤害留下的痕迹。可以继续观察，不发展的话就不用处理。

74 山东省用户问：甘蓝是得了什么病，怎么防治？

北京市农林科学院植物保护研究所 研究员 李明远答：

从图片看，是甘蓝霜霉病。可用58%甲霜锰锌可湿性粉剂500倍液、64%恶霜·锰锌可湿性粉剂400倍液、69%安克锰锌可湿性粉剂1000倍液、72%霜脲·锰锌可湿性粉剂600倍液等药剂防治。

75 北京市海淀区用户问：种的西蓝花种子，第二天没有浇水已经干了，有个别种子发芽了，再继续浇水会影响发芽吗？

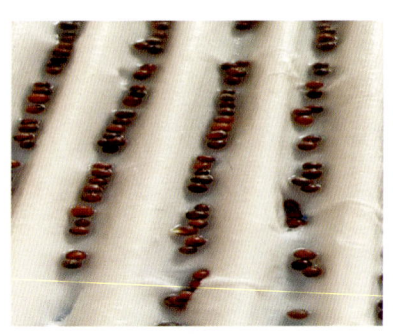

北京市农林科学院蔬菜研究所 推广研究员 陈春秀答：

刚种下的种子干了一般不会影响发芽率，只要及时浇水就可以正常发芽。西蓝花种子在 18～25 ℃情况下，24～36 小时发芽率可达 90%～95%。如果发芽率低，考虑是否是由温度低、水分不足造成的。

76 北京市房山区丁女士问：大葱不缺水，干尖是怎么回事？

北京市农林科学院蔬菜研究所 研究员 张宝海答：

干旱、高温、雨涝、蓟马为害都可以造成葱干尖。大葱在生长过程中不断地长出新叶，老叶先是干尖，然后干黄，因此不必过于担忧。此外，夏季高温对大葱生长不利，遇到极端的高温、强光更容易干尖，可再观察。

77 河南省网友"小马种植"问：青虫都钻进葱叶里面了，打什么药效果好，打过多次市面药都没有效果，怎么办？

北京市农林科学院植物保护研究所 推广研究员 石宝才答：

从图片看，这是甜菜夜蛾。打药不是没效果，只是在外面的死虫不容易看到，钻进叶子里的明显可见，给人感觉是药剂不起作用，其实是被几个钻进叶子里的活虫掩盖了。这种情况下最好的办法是人工揪掉带虫的叶子。

78 北京市房山区孟先生问：大蒜叶尖发黄是怎么回事？

北京市农林科学院蔬菜研究所 推广研究员 陈春秀答：

从图片看，大蒜整体发黄，但没有看到典型的发病叶片，因此不能判断是否是有病害发生。但新叶还是绿的，说明没有严重问题。一种情况是，大蒜在春季恢复生长后，老叶片叶尖会出现发黄现象，这是因为冬季消耗养分使春季叶尖发黄；另一种情况是，如果新长出的叶片叶尖发黄，可能是在湿度大的情况下发生的白粉病或霜霉病造成的，这种情况可以用杀菌剂防治。

79 北京市海淀区网友"Jasmine 然然"问：种植了 10 天左右的韭菜，苗细弱，是因为土少吗？

北京市农林科学院蔬菜研究所 研究员 张宝海答：

从图片看，这种现象是正常的。韭菜刚出苗，一般比较细弱，以后多为韭菜提供光照，就会慢慢改善。但要注意，在温度高时尽量避光，一般在早晚提供光照。

第二部分 果树

（一）苹果

1 北京市平谷区韩先生问：苹果得了什么病，怎么防治？

北京市农林科学院植物保护研究所 高级农艺师 徐筠答：

从图片看，是苹果锈病，又名赤星病、羊胡子等。病菌在桧柏树病组织中越冬，春季随风雨侵入果树的嫩叶、新梢、幼果上。果树展叶20天之内最易受侵染。防治方法如下。

（1）果园5000米范围内不能种植桧柏等寄主植物。

（2）早春在果园周围不能砍的松桧柏上喷2～3波美度石硫合剂或100～160倍波尔多液1～2次。

（3）在苹果树萌芽至展叶后25天内施药。第1次用药在苹果树萌芽时期进行，喷1∶2∶240式波尔多液，每10天喷1次，连续2次。若雨水多，应在花前喷1次，花后喷1～2次25%三唑酮粉剂或乳剂3000～4000倍液加有机硅渗透剂3000倍液。如果生长后期果实已受侵染，喷1次25%粉锈宁3000～4000倍液加有机硅渗透剂3000倍液可以控制病情。

2 北京市房山区霍女士问：今年新移栽的苹果树的枝子慢慢枯了，怎么办？

北京市农林科学院林业果树研究所 研究员 鲁韧强答：

从图片看，当年新移栽的苹果树长势很弱并有长枝回枯现象。

主要原因：

移栽后未修剪树冠，而根系严重受损，使地上与地下严重失衡，受损的根系发新根较少，不能满足地上枝叶的养分和水分供应，使树上大枝远端的枝梢逐渐干枯。

解决方法：

一是地下浇黄腐酸及尿素肥，促进发根和养分吸收；对主干及大枝涂白，降低树体温度减少水分蒸发，防止树皮灼伤。二是树上喷500倍液黄腐酸加0.3%尿素，增加叶面营养和减少水分蒸发。

（二）梨树

3 湖北省果农柳先生问：梨叶柄发黑造成落叶，是得了什么病，用什么药剂防治好一些？

北京市农林科学院植物保护研究所 高级农艺师 徐筠答：

从图片看，像是梨黑斑病。此病是日韩梨、雪花梨的一种常见病害，危害叶片和果实。北方果区5月中、下旬开始发病，7—8月为发病盛期。一般在秋季发病较多，高温、高湿、降雨多而早的年份发病早且重。应把春梢叶片病害作为防治重点，防治措施如下。

（1）农业防治：及时中耕锄草，疏除过密枝条，增进通风透光。落叶后清洁果园，扫除落叶。

（2）药剂防治：重点保护春梢叶片，秋梢叶片只需在生长初期防治，用药太多不可取。可选择的药剂有：

① 3%多抗霉素水剂300～500倍液加有机硅3000倍液。

② 10%多氧霉素1000～1500倍液加有机硅3000倍液，

或者4%农抗120果树专用型600～800倍液加有机硅3000倍液。

③5%扑海因可湿性粉剂1000倍液加有机硅3000倍液。

（3）喷药时期：应以多抗霉素、多氧霉素为主，其他药交替使用。第一次落花后立即喷药，第二次在5月中旬，第三次在秋梢生长初期的6月底或7月初。

（4）喷保护剂：6月的晴天喷1∶3∶240式波尔多液两次，每次间隔15～20天。7月继续在晴天喷1∶3∶240式波尔多液1～2次，每次间隔15～20天。雨季可树上喷施1～2次杀菌剂，以1.5%多抗霉素300～500倍液为主，交替使用其他杀菌剂。

4 北京市延庆区御蜂谷基地问：老梨树上的果子都是黑斑，怎么管理？

北京市农林科学院植物保护研究所 高级农艺师 徐筠答：

从图片看，梨果上的黑斑是梨木虱防治效果不佳造成的，即梨木虱若虫分泌的蜜露使其产生霉斑，形成了煤污病。

中国梨木虱是梨树的主要害虫，确立防治适期是防治的关键。该虫越冬代成虫在3月上中旬开始出蛰、产卵，第1代卵在3月下旬开始孵化，此时（惊蛰后）是防治越冬代成虫及第1

代卵的关键时期,选择无风、晴天、温暖的中午树上喷药,重点要喷到枝芽;4月下旬(梨落花后)孵化率达98.06%,此时卵已孵化且尚未分泌蜜露,是防治幼虫的关键时期。多年生产实践表明,3月上中旬和4月下旬是用药关键时期,用药1~2次,只要喷布均匀周到即可控制其全年为害。可选药剂如下:

① 1.8%齐螨素(阿维菌素)5000倍液加有机硅3000倍液;

② 33%螺虫乙酯·噻嗪酮4000倍液加有机硅3000倍液;

③ 10%吡虫啉3000倍液加有机硅3000倍液。

该虫发生世代多,5月下旬后,同一时期虫态不整齐,世代重叠,因此即便5月下旬后防治多次,效果也比不上3月、4月打两次药即可控制其全年为害的理想防治效果。

5 北京市房山区霍女士问:梨套着袋,梨果不坏,梨把呈黑色,并造成落果,是什么原因?

北京市农林科学院林业果树研究所 研究员 鲁韧强答:

从图片上的落地果外观分析,梨落果原因如下。

一是果实已成熟造成采前落果。特别是有的品种有采前落果的特性，这种品种应注意果实种子变浅褐色后及时采收。

二是套袋果实容易有入袋害虫为害，特别是黄粉蚜可聚集在果实梗洼或萼洼中为害，少量黄粉蚜产生的毒素就可使果实脱落。

三是刮风可吹落果实。

以上落果原因可对照确定，有针对性地防治。

6 北京市平谷区王先生问：梨树叶子发红，是怎么回事？

北京市农林科学院林业果树研究所 研究员 鲁韧强答：

从图片看，梨树只是冠下个别枝的叶片变红，分析原因如下。

一是可能是地下相对应的根系受损伤，影响了磷元素的吸收供应，磷元素缺乏影响叶中糖类向外运输，促进了花青素的形成，使叶色变红。

二是该枝受损伤,如环割、拿枝、扭枝等措施,造成皮层筛管受损伤,使糖分运输不畅而积累,促进花青素的形成使叶色变红。

三是梨叶正常变红,应该是秋天夜间温度偏低造成叶绿素迅速分解,花青素使叶片变成红色。当然,有的品种花青素含量低,而叶黄素含量高,叶片则变成黄色。

这几个红叶因素供实地调查时分析参考。

7 北京市大兴区网友"我有草莓吃"问:梨树得了什么病,怎么防治?

北京市农林科学院林业果树研究所 研究员 鲁韧强答:

从图片看,梨树得了腐烂病,防治措施如下。

(1)加强栽培管理,科学施肥浇水,立秋后施有机肥,合理修剪,适量留果,增强树势,以提高抗病力。

(2)加强树体保护,减少伤口。及时在修剪后的大伤口处涂抹油漆或动物油，防止伤口水分散发过快而影响愈合。

（3）从幼树期开始，坚持每年树干涂白，防止冻伤和日灼。

（4）及时刮除病疤，经常检查，发现病疤及时刮除，刮后可以涂腐必清2～3倍液、5%菌毒清水剂30～50倍液、2.12% 843康复剂5～10倍液等，每隔30天涂1次，共涂3次。

（5）每年春季发芽前喷5波美度石硫合剂，生长季喷施杀菌剂时要注意全树各枝干上均匀着药。

(三)桃、李、杏

8 北京市房山区徐先生问：桃树是怎么回事？

北京市农林科学院林业果树研究所 研究员 鲁韧强答：

从图片看，桃树老叶片脉间失绿是得了缺镁症，应尽快喷施 0.3% 硫酸镁加 0.2% 尿素矫治，每隔 7 天喷 1 次，连续喷 3 次。

9 北京市顺义区刘女士问：桃是怎么回事？

北京市农林科学院林业果树研究所 研究员 鲁韧强答：

从图片看，像是桃细菌性黑斑病。病菌在枝梢叶痕处越冬，在频繁降雨或阴雨连绵的年份发病重。果实初感染时果面出现水渍状斑点，逐渐形成黑斑，黑斑中心星裂，果实不腐烂。

防治方法如下。

选用噻菌铜、33.5%喹啉铜2000倍液，在落花后花萼脱落前开始喷药，每隔10～15天喷1次，连喷4～5次。

10 河北省保定市张先生问：桃没长大就变褐色，是怎么回事？

北京市农林科学院林业果树研究所 研究员 鲁韧强答：

从图片看，桃幼果果形不正。根据经验判断，是幼果胚珠遇冻害，半边种皮受害增厚，也影响对应果肉细胞的分裂。这种受伤害的果实即使长大，也是半边果实膨大正常半边发育差的偏果，但剖开的成熟果实可见种仁基本正常。

这种幼果皮下果肉褐变在生产上很少见，可能是低温造成果肉细胞膜破损，使细胞质中的酚类物质与液泡中的多酚酶相遇而氧化的缘故。

11 北京农学院李先生问：春季桃树施肥要点和注意事项有哪些？

北京市农林科学院林业果树研究所 研究员 鲁韧强答：

桃树发枝多，枝叶生长量大，且在6月20日前发出的新梢能顺利形成饱满花芽。因此，桃树春季施肥应以氮肥为主，配合磷肥，促进新梢早发快长，为形成优质的果枝打下良好基础。

秋季未施有机肥的，若春天补施就要顶凌开沟施有机肥，即在地还没化冻根系还没生长时施肥，才能促进新梢生长，过晚施有机肥不能在前期促进新梢生长，反而促进后期秋梢旺长，不利于花芽的形成，还增加了夏剪工作量。若追施化肥，应开10厘米深浅沟撒肥，施后覆土，杜绝土壤表面撒施。

12 北京市平谷区张先生问：水蜜桃膨大期出现局部果肉褐变，解袋子时是好的，是怎么回事？

北京市农林科学院林业果树研究所 研究员 鲁韧强答：

从照片上桃果的褐变情况分析，果面向上的部位的皮部有些变色，像是磕碰使果肉细胞受伤后氧化变色。但果实这个部位不易被磕碰到，应考虑是日灼的伤害，即高温使果肉细胞受伤而氧化褐变。不同品种的酚类物质含量不同，含酚类物质高的品种受损伤后果肉极易氧化变褐。例如，采摘京红桃时稍不注意（无论是采摘手重还是磕碰），都会出现果皮下明显的变褐现象。

13. 北京市平谷区张先生问：9月初中蟠13号的个别枝就开花了，是怎么回事？

北京市农林科学院林业果树研究所 研究员 鲁韧强答：

果树在生长季后期开花，是气温高、雨水多造成的。

一般情况下果树在生长季后期开花，是病虫害造成果树落叶后，由于气温适宜且雨水多，根系生长旺盛，将落叶枝上已形成的花芽"催"开，形成二次开花，二次开花量大的树对翌年树势和果品产量影响很大。近两年果树生长后期出现的开花现象，是在无落叶的情况下出现的。原因是气温偏高雨水多，促使果树新梢二次生长，已形成花芽的强壮长果枝再次突破生长，使顶花芽或果枝上部花芽开放。这种二次花只在少数强壮果枝上发生，数量较少不会影响翌年的果品产量。

14. 北京市平谷区刘先生问：桃树枝树皮变灰、变黑，枝条枯死，是怎么回事？

北京市农林科学院林业果树研究所 研究员 鲁韧强答：

从图片上桃新梢被害情况看，是得了桃树炭疽病。

其病菌以菌丝体在病枝或病果内越冬。翌春条件适宜时借风雨传播，引起新梢和幼果发病。新梢上病斑扩展迅速，当病斑环新梢一周时，新梢上部枯死。此病不断进行再侵染，桃树整个生长期都可被侵染危害。桃树花期至幼果期多处于低温多雨的环境，利于发病，果实成熟期高湿温暖发病重。

防治方法：加强栽培管理，注意桃园排水和通风透光；注意清园，彻底清除病枝、病果；芽萌动期喷5波美度石硫合剂，落花后可喷苯菌灵、炭特灵、甲基硫菌灵等杀菌剂，每隔10天喷1次，连续防治2~3次。

15 北京市房山区网友"青山"问：桃幼果上出现硬斑，是怎么回事？

北京市农林科学院林业果树研究所 研究员 鲁韧强答：

桃幼果上出现的硬斑不是病害，可能是蝽象叮刺导致的。桃幼果期蝽象开始从越冬场所飞迁到桃园，从外围向内为害幼果。经蝽象叮刺后，幼果虫口的果肉木栓化，幼果生长但木栓化的果肉不再生长，逐渐凹陷。

防治方法如下。

蝽象成虫抗药性强，最好在入冬前或春暖后，蝽象在果园及附近的房屋隐避处越冬，会在向阳屋檐下聚集，可用竹竿将其捅下杀死。

药剂防治的关键是卵孵化初期，虫孵出后聚在一起未分散时是最好的防治时机。也可对分散不久的低龄若虫进行喷药防治。药剂可选择20%呋虫胺2000倍液，或者啶虫米、菊酯类药物。

16 河北省网友"A为你停留"问：李子叶片发黑，往里卷曲，新梢干枯，是得了什么病，怎么防治？

北京市农林科学院林业果树研究所 研究员 鲁韧强答：

从图片看，李树新梢及叶片出现枯死症状，是得了李褐腐病。

该病菌危害花、叶、枝梢和果实。叶片受害后，从叶缘向内扩展，树叶变褐萎垂。新梢染病，形成溃疡斑，当病斑绕枝一周时，引起枝梢枯死。果实自幼果至成熟期均可受害，近成熟期的果实受害严重。病菌在僵果中越冬，翌年产生分生孢子借风雨传播，多雨高湿的条件下发病重。

防治方法：冬春彻底清园，减少菌源；萌芽前喷5波美度石硫合剂杀菌；叶片发病前及果实成熟前，喷甲基硫菌灵、防霉宝、抗霉灵等杀菌剂。

北京市延庆区网友"行天下"问：杏树卷叶是怎么回事？

北京市农林科学院林业果树研究所 研究员 鲁韧强答：

从图片看，杏树卷叶不像病害，而是与品种和生长前期干旱有关。同一果园中，有的品种易发生卷叶，有的品种不发生卷叶，品种差异很大。

经分析发现，易发生卷叶的杏品种可能在生长前期对水分更敏感，在高温干旱的情况下叶片失水内卷，如较长时间高温干旱，叶片长成后结构固定就伸展不开了。

应注意在易卷叶品种的叶片伸展期灌水，及时解除旱象使叶片正常伸展。缺硼也会使叶片内卷，在喷药防病虫时可加0.3%的硼砂。

18 北京市昌平区网友"大善人"问：杏树树皮下潮湿，是得了什么病，怎么防治？

北京市农林科学院林业果树研究所 研究员 鲁韧强答：

从图片看，杏树干上的伤疤是杏腐烂病的症状。刮一下树皮，找到病疤边缘，将病皮刮除干净，将病斑边缘切除0.5厘米好皮，要求将皮层伤口切成立茬，有利于愈伤组织长出来，然后涂腐必清等杀菌剂或食用碱面5倍水溶液。治后需经常检查病疤，每隔半个月涂1次药，连续涂药3次。

19 北京市昌平区网友"大善人"问:院子里有两棵杏树,果实稍微大一点就自然脱落了,是怎么回事?

北京市农林科学院林业果树研究所 研究员 鲁韧强答:

杏树不坐果可能有以下几个原因。

杏树为异花授粉树种,即一个品种需要另一个品种授粉才能受精坐果。若两棵树是一个品种,则需要改接一棵或接几个枝做授粉枝。最好接金太阳杏,是美国品种可自花结实,也可给其他品种授粉。

若坐果后为玉米粒大小落果,可能是杏仁蜂为害所致。杏仁蜂在花期产卵在花萼上,卵孵化成幼虫后钻入幼果中为害,并在果内化蛹越冬,明年继续羽化后为害幼果。防治方法:杏花始落瓣时,喷辛硫磷防治;清理落地幼果将果中幼虫杀死。

20. 山西省网友"赵－温室技术与设施服务"问：杏树树皮开裂，是怎么回事？

北京市农林科学院林业果树研究所 研究员 鲁韧强答：

从图片看，杏树干上出现纵裂是日灼伤，发生在春秋季节。午后阳光直射皮部使温度升高，日落气温骤降，皮层与木质部收缩不一致，使皮层形成纵裂，受害严重的纵裂可深入木质部。树势越弱越易受伤。一般主干西南方向，主枝向北、向东方向背上易发生日灼伤，应及早预防。

防治方法：可在春秋两季将树干及向北的主枝背上部位涂白，反射直射阳光减小昼夜温差，防止树皮灼伤。枝干已经被灼伤的，刮治伤疤并涂 5 波美度石硫合剂杀菌后，涂白保护。同时，加强肥水管理，增强树势，加快伤口愈合。

21 山西省网友"赵－温室技术与设施服务"问：杏树是什么虫子为害所致，怎么防治？

北京市农林科学院林业果树研究所 研究员 鲁韧强答：

从图片看，杏树上的虫子是球坚蚧，在北方一年发生一代，以2龄若虫越冬。3月若虫脱蜡壳移至新的定殖点，4月雌雄虫交尾，5月中旬为产卵盛期，5月下旬至6月上旬为卵孵化盛期，形成新的一代。

防治方法如下。

（1）用硬毛刷将虫体刮落。

（2）在若虫孵化期喷菊酯类杀虫剂杀死初孵若虫。

（3）芽萌动期喷5波美度石硫合剂杀灭枝干上的蚧虫。

22 北京市大兴区网友"铮"问：白杏果上有红色斑点，是怎么回事？

北京市农林科学院林业果树研究所 研究员 鲁韧强答：

从图片看，白杏果皮上的红色病斑是细菌性穿孔病造成的。细菌性穿孔病菌主要在被害枝条的病斑中越冬，翌年花期后病菌开始从病斑组织中溢出借风雨传播。病菌主要从气孔侵入，危害叶片、新梢和果实。

果园前期防病效果较好，叶片和新梢没有穿孔病。但近期由于天气凉爽且湿度较大，有利于细菌性穿孔病菌的传播，侵染了杏果皮。在果实上的发病特点：一是果面上出现红色病斑；二是只侵染果皮不深入果肉。可喷农用链霉素、代森锰锌、硫酸锌石灰液等杀菌剂防治，保护没得病果实。

北京市大兴区网友"铮"问：白杏树干上有白色絮状物，是怎么回事？

北京市农林科学院植物保护研究所 高级农艺师 徐筠答：

从图片看，杏树树干上的白色絮状物像是桑白蚧壳虫。在若虫孵化期是防治关键时期（露地洋槐树开花期），可选择下列杀蚧壳虫的药剂：

（1）25%扑虱霸可湿性粉剂1500～2000倍液；

（2）40%速灭蚧1000倍液；

（3）28%蚧宝乳油1000倍液；

（4）40%速蚧克乳油1500倍液；

（5）25%噻嗪酮可湿性粉剂1500倍液。

以上药剂均可加入有机硅3000倍液或矿物油以增加渗透性。

(四)樱桃

24 北京市通州区网友"段姐"问：樱桃树黄叶，叶片上有斑点，是得了什么病，怎么防治？

北京市农林科学院植物保护研究所 高级农艺师 徐筠答：

从图片看，像是樱桃褐斑病，防治措施如下。

（1）加强水肥管理，增强树势，提高树体的抗病能力，冬季修剪后彻底清除果园病枝和落叶，集中深埋或烧毁，以减少越冬菌源。

（2）及时开沟排水，疏除过密枝条，改善樱桃园通风透光条件。

（3）药剂防治：加强春梢的早期的防治，花后7～10天开始喷药，每隔10～15天喷1次，需2～3次（雨季可再加喷1次）。可选药剂：20%苯醚甲环唑乳油2500倍液；1.8%噻霉酮水乳剂1500倍液；3%多抗霉素水剂1000倍液；1.5%多抗霉素水剂500倍液。以上药液均可加有机硅3000倍液，大樱桃褐斑病的防治效果更为理想，防效均在90%以上。

25 北京市平谷区李先生问：三年生的樱桃树，有一部分树这样了，是怎么回事？

北京市农林科学院林业果树研究所 研究员 鲁韧强答：

从图片看，新生叶片生长不正常，像是喷除草剂药害的后遗症。

26 北京市延庆区网友"八亩地刘满富"问：车厘子树干抽皮且没有水分了，是怎么回事？

北京市农林科学院林业果树研究所 研究员 鲁韧强答：

从图片中盆栽樱桃苗的失水状况分析，可能是栽苗后没有发新根，靠苗体内营养发出的短枝和少数叶片，后续的养分和水分不能及时供应，造成的回枯现象。

27 北京市海淀区于先生问：樱桃叶片发黄，结果不多，是怎么回事？

北京市农林科学院林业果树研究所 研究员 鲁韧强答：

从图片看，樱桃树是得了缺铁黄化病。看黄化病叶的叶脉较粗，也有点缺锰，是铁锰缺乏综合征。全树叶片都黄了，严重影响光合作用，树体营养积累很差，不易坐果，这树黄叶已不是一年了，若不及时矫治有死树的风险。

矫治方法：按说明喷柠檬酸铁或氨基酸铁，加 0.2% 硫酸锰和有机硅 3000 倍液，每隔 7 天喷 1 次，连喷 3 次。

28. 北京市房山区于先生问：樱桃树干上有很多白点，是怎么回事？

北京市农林科学院林业果树研究所 研究员 鲁韧强答：

从图片看，樱桃枝干上的白点是桑白蚧壳虫。每年在当地洋槐花开的季节孵化，孵化的极小若虫从壳下爬出，向上爬到新枝处定殖，并逐渐分泌蜡质形成白色蚧壳。因此，此时照片上的蚧壳虫已成空壳。需查看大枝上部1～2年生部位是否有已定殖的若虫。

应尽快喷蚧必治、杀扑磷等农药防治，可加3000倍液有机硅助剂，增加药液渗透性。

北京市密云区某网友问：露天山地樱桃修剪技术要点有哪些？

北京市农林科学院林业果树研究所 研究员 鲁韧强答：

山地樱桃整形修剪，需根据梯田宽度和栽培密度定树形。山地一般选用纺锤形。

纺锤形：干高80厘米，树高2.5米，中心干上错落着生10～12个单轴延伸的枝组。当年定干4年成形，定植当年对定干剪口下第3～5芽行刻伤，第一年可培养3～4个枝组，夏季对其中旺长枝进行90度扭拉，对生长中庸枝于秋季进行90度拉枝；当年冬剪，中心干从80～100厘米处短截。第2年萌芽前，在中心干上每隔20厘米刻芽，又可培养4～5个枝组。对第一层枝剪留长度60厘米左右。秋季除中干延长枝外，其余枝一律进行90度扭拉。第3年同样操作，选够10～12个单轴枝组完成树形。

冬季修剪：注意平衡树势，对强旺加粗快的枝组重短截或去强留弱，削弱其势力。对中庸枝组轻剪长放。疏除枝组上的竞争枝和背上直立枝，使枝组保持单轴延伸的状态。枝组转圈插空分布，同侧上下重叠枝组间距应在60～70厘米，不够距离的枝组要及时疏除。

春季摘心：为保持枝组单轴延伸，又促进成花。最好在春季新梢生长期，对长到20厘米长的竞争梢、背上直立新梢，留10～12厘米进行摘心，既可促使新梢基部隐芽成花，又避免竞争枝和背上枝旺长扰乱树形，是一举两得的好方法。此方法还减轻了冬季修剪量。

30 北京市房山区相先生问：樱桃树得了什么病，如何防治？

北京市农林科学院林业果树研究所 研究员 鲁韧强答：

从图片看，是樱桃树干流胶了。一般树干冻伤、机械伤等，都易引起流胶。看这树干上勒有电线，使树液流通受阻，再加上低温冻伤南向树皮，造成树干流胶。

防治方法：解除树干上的电线，刮除流胶，在树干上涂白漆反射日光，降低皮部昼夜温差，减轻冻害，防止树干在春季大量流胶。

(五)草莓

31 河北省廊坊市某网友问：草莓得了什么病，是什么原因引起的？

北京市农林科学院蔬菜研究所 推广研究员 陈春秀答：

从图片看，草莓苗得了炭疽病。育苗土壤通透性差，造成浇水后持水，茎基部湿度大引发炭疽病。建议及时拔除得了炭疽病的苗，没有得炭疽病的苗用嘧菌酯类药剂消毒。

32 北京市房山区某用户问：草莓死苗，根茎处呈红色，是得了什么病，怎么防治？

北京市农林科学院植物保护研究所 副研究员 黄金宝答:

从图片看,可能是得了草莓枯萎病,也叫红中柱病,属真菌土传病害。种植前要对土壤、幼苗消毒,可用70%甲基硫菌灵可湿性粉剂400倍液淋土及浸苗5分钟再定植。田间发现病株要及时拔除集中烧毁,病穴用生石灰消毒。定植后,每隔15天用70%代森锰锌可湿性粉剂500倍液提前预防。发病后,可用25%多菌灵可湿性粉剂300倍液、250 g/L 吡唑醚菌酯水剂2000倍液喷雾,并让药液沿茎流入根部。

33 北京市昌平区某用户问:草莓灰霉病防治用什么药毒性较低?

北京市农林科学院植物保护研究所 副研究员 黄金宝答:

要想毒性低,最好用生物农药。针对草莓灰霉病,在发病前或发病初期,可施用10%多抗霉素可湿性粉剂每亩100 ~ 140 g、0.3%丁子香醇可溶性液剂每亩85.8 ~ 120 g、1000亿孢子/g枯草芽孢杆菌每亩40 ~ 60 g、哈茨木霉菌可湿性粉剂300倍液，以喷雾方式，10~15天喷1次，连续2~3次。也可使用生物农药中草药水剂霉止（植物源中草药杀菌剂，内含紫草素、绿源酸等有效成分），发病初期用霉止300倍液喷雾，5~7天喷1次，连用2~3次。中后期用霉止30~50毫升加大蒜油10毫升喷雾，3天喷2次，连续重复2~3次。发病较重的，可彻底摘除病叶、病茎及病果等病残体后，再用上述药剂防治。另外，尽量在晴天上午使用，打完药后关闭风口，待棚温提高6~8℃后再打开风口通风。

（六）其他果树

34 北京市海淀区网友"卡卡罗特"问：葡萄是发生了什么病害？

北京市农林科学院林业果树研究所 研究员 鲁韧强答：

从图片看，葡萄果穗上的果粒失水变色不是病害所致，而是日灼伤。这棵葡萄离建筑物较近，小环境气温高且空气干燥，再加上太阳光直射，果穗又没有叶片遮挡，被阳光直射的果粒出现日灼伤。在树势较弱和土壤干旱的情况下，会加重果粒灼伤。

解决方法：摘除已被灼伤的果粒，防止被病菌侵染；高温天气葡萄树总体蒸发量大，注意及时灌水，避免树体受旱；将木浆纸卷成伞状捆扎在果穗上方遮光；生产中果穗量大时，可喷康洁液体植物保护膜，可有效防治叶片和果实的日灼伤害。

第二部分 果树

  35 北京市通州区柴先生问：葡萄得了什么病，是什么原因引起的，怎么防治？

北京市农林科学院林业果树研究所 研究员 鲁韧强答：

从图片看，葡萄果穗及叶片是得了煤污病。煤污病是葡萄发生了蚧壳虫、叶蝉或蚜虫等分泌的蜜露携带霉菌沾落在果实及叶片上，寄生形成黑色霉层。因此，可在防治刺吸式害虫的同时，加喷甲硫·醚菌酯等杀菌剂铲除果穗和叶片上的霉菌。

36 北京市丰台区网友"甲子"问：葡萄上有许多黑斑，怎么防治？

北京市农林科学院植物保护研究所 研究员 李兴红答：

从图片看，是葡萄炭疽病，发病前提早套袋可以控制。防治措施如下。

（1）选用抗病品种。

（2）加强栽培管理，改善通风透光条件。发病初期及时摘除病叶。

（3）套袋。

（4）每年立秋时节增施有机肥和磷钾肥，氮肥适量。

（5）可选以下药剂防治：80%大生800倍液、75%百菌清可湿性粉剂600倍液、50%轮纹宁600倍液、70%甲基托布津600倍液、1∶0.5∶200（硫酸铜:石灰:水）式波尔多液。每隔半个月喷1次，喷3~5次。以上药剂可加有机硅渗透剂增加药效。注意药剂交替使用。波尔多液可用于生长早期和晴天。

第二部分 果树

37 北京市丰台区网友"甲子"问:枣长得很好,表面也没有虫眼,可里面挨着枣核的地方有很小的肉虫,是什么原因,明年怎么防治?

北京市农林科学院植物保护研究所 高级农艺师 徐筠答:

从图片看,枣里面的蛆是桔小实蝇,俗称果蛆,是重要的检疫害虫。在我国,主要分布于广东、广西、福建等地,目前逐步向北方扩大为害范围。主要为害柑橘、甜橙、柿、桃、苹果、梨、李、杏、枣、西瓜、辣椒、番茄、茄子等200多种果树蔬菜。该虫主要以幼虫在果实内取食,使果实腐烂,形成"蛆果",造成大量落果。成虫的卵产于果皮内,每孔产卵5~10枚。雌虫分多次产卵,每头可产200~400枚卵。老熟3龄幼虫随脱果钻入土中3厘米左右深处化蛹。幼虫蛀果为害和老熟幼虫的随脱果钻入土中化蛹的习性,给防治带来很大难度,必须进行综合防控。

防治措施如下。

(1)进行严格的检疫或进行无害化处理方可引种。

（2）塑料袋封闭处理落果。利用老熟3龄幼虫随脱果钻入土中的习性，及时摘除虫果和捡拾落于地面的果实，用塑料袋封闭，处理后1～2天死亡率达100%。待虫落果全部腐后又可作沤肥使用。落果初期每周清除1次地上落果和树上虫果，落果盛期至末期每日1次，进行塑料袋封闭处理，该方法简单易行。

（3）发生虫害的果园，于冬、春季亩撒施生石灰70～80 kg，再全园深翻，可消灭大量虫源。

（4）可用实蝇诱捕器诱杀雄虫，每公顷用诱捕器45～75个，可有效诱杀成虫，是一项简便、安全、无公害防治蛀果虫的方法。自制诱杀诱捕器：用小刀在距矿泉水瓶口下增粗处开约13厘米×2厘米的口，拧好瓶盖后从开口处将引诱剂（台湾产的"好粘"）或取1 g甲基丁香酚（化学试剂商店有售）原液，均匀喷涂于诱捕器内壁，自然晾干后在瓶内装200 mL水，挂于树枝上距地面1.5米处，10天左右加一次诱剂和水，循环使用诱捕器，可显著提高引诱剂对实蝇的诱集效果。黄色粘虫板加1 g甲基丁香酚诱杀效果也很好。

（5）自制营养毒饵诱杀雌雄成虫。据报道，阳桃、番茄和番荔枝果肉对果蝇更有诱集效果。方法：在专用诱瓶用果汁按500∶1的比例加入80%敌敌畏或50%马拉硫磷制成毒果盘，半斤毒果一盘，悬挂于距地面1.5米的树荫下，每亩13～15个，每7～10天更换一次，杀死雄成虫。诱挂与毒饵相结合，可快速降低果园虫口密度，防治效果会更佳。

（6）化学防治，在成虫发生高峰期内，选用灭蝇胺800倍液，10天左右喷1次，对树冠和果园周围的杂草进行喷雾杀灭成虫。根据该虫落地化蛹的特点，6—10月份可进行地面施药，即在实蝇幼虫入土化蛹或成虫羽化的始盛期，用50%辛硫磷乳油或48%毒死蜱乳油1000倍液喷洒地面，每隔7天喷1次，连续2~3次，杀灭入土化蛹的老熟幼虫和出土羽化的成虫。

（7）深翻土壤。冬季、春季彻底清园，翻耕1次，或者在各代化蛹盛期翻耕土壤。

38 北京市延庆区网友"山峰"问：文玩核桃上有白色的点，是怎么回事？

北京市农林科学院林业果树研究所 研究员 鲁韧强答：

从图片看，文玩核桃出现白尖或白边，是成熟度差的表现，原因是总体营养不足。例如，果园郁闭，光照不足；果实膨大期连阴雨天多，有机营养积累少；幼树生长旺盛，新梢与果实竞争营养；施用氮肥多钾肥不足等原因，都会造成果实白尖或白边。

有试验成功的栽培措施如下。

（1）芽萌动期覆白色地膜提高地温，使根系生长提早增强养分吸收。

（2）果实膨大期叶面喷磷酸二氢钾，地下追施硫酸钾肥。

（3）采前一个月树冠下覆反光膜，补充冠下和内膛光照，增强光合作用。通过这几项措施可有效克服文玩核桃果实白尖现象。

39 北京市房山区张先生问：西梅树流胶，怎么办？

北京市农林科学院植物保护研究所 高级农艺师 徐筠答：

从图片看，是冻害、虫害等伤口引起的枝干生理性流胶病或细菌性流胶病。防治枝干流胶病的关键技术是培养壮树，用药只是辅助措施。

防治措施如下。

（1）重视增施有机肥（每年8月20日左右），避免氮肥过量，可按氮：磷：钾＝2∶1∶2的比例施肥。

（2）冬、春两季树干刷白，预防冻害和日灼伤。涂白配方：生石灰10份、石硫合剂2份、食盐1份、植物油0.3份、水40份，搅拌均匀后进行树干涂白。

（3）加强对桃天牛、根系病害等病虫害的防治，减少虫伤危害树皮。结合冬季修剪，刮除病斑。剪除的病枯枝干需集中烧毁。

（4）如需锯掉大枝，应在采果后进行，并及时在伤口处涂抹2%农抗120水剂10倍液。

（5）避免在黏土、低洼潮湿的地方种植，排水要好，雨季不能积水，干旱时小水常浇。

（6）药剂防治。用药剂预防侵染，但作用有限。5月中下旬，刮除流胶较少部位的病皮后，可选用75%百菌清100倍液、45%果腐速克灵水剂5倍液、噻唑锌100倍液加腐必清100倍液、果富康5～10倍液、杀菌优50倍液等涂抹伤口，7月上旬再涂1次，连治2年。流胶过多的枝干则无保留价值。

40 北京市海淀区赵先生问：软枣猕猴桃有褐色的斑，西南和西北面较多，是怎么回事？

北京市农林科学院林业果树研究所 研究员 鲁韧强答：

从图片看，软枣猕猴桃果实是发生了日灼伤。近日高温天气且光照强烈，棚架上面的果实如果没有叶片遮挡，强烈阳光直射下就会发生日灼伤。在架面下的果实有叶片的遮盖就不会发生日灼伤。

41 河北省沧州市梁先生问：软枣猕猴桃枝条扦插育苗怎样配基质？

北京市农林科学院林业果树研究所 研究员 鲁韧强答：

软枣猕猴桃扦插繁殖，可采用草炭土:河沙=1:1、草炭土:珍珠岩=1:1为基质，生根率较大，根系质量高，新梢生长量大，可用于大规模生产育苗。

枝条剪成10~15厘米长，含2个饱满芽的扦穗，顶部剪平，下部斜口。将扦穗基部浸泡于IBA（300 mg/L）中，浸泡

10分钟。床面基质厚10厘米,插前用多菌灵消毒,浇透水待用。扦插深度为5~7厘米,行距为10厘米,床温为20 ℃,需及时通风、浇水和除草。

42 北京市门头沟区某先生问：枸杞得了炭疽病如何防治？

北京市农林科学院林业果树研究所 研究员 鲁韧强答：

枸杞炭疽病菌在树体和地面病残果上越冬。病菌分生孢子借风雨传播,可多次侵染。病菌传播的适宜温度为23~25 ℃,最适湿度为100%,遇连阴雨天病害流行速度快,可造成严重的减产损失。

防治方法如下。

春季彻底清园,萌芽前喷5波美度石硫合剂。5月下旬至10月上旬,阴雨天前1~2天及雨后24小时内及时喷药防治。药剂可选用醚菌酯、春雷霉素、多抗霉素、苯醚甲环唑、多菌灵、代森锰锌等交替使用。发病初期每隔10天喷1次,连续防治2~3次。

43 北京市延庆区某用户问：海棠叶片上的黄斑是什么病所致，怎么防治？

北京市农林科学院植物保护研究所 副研究员 黄金宝答：

从图片看，是海棠锈病，且发病较重，后期叶背会长出须毛。可先将病重叶片打掉，在晴天上午用药剂防治。可用药剂有乙嘧酚、凯润、福星、硝苯菌酯等，正反面叶片都要打药。每隔5～10天1次，共需3～4次。

44 北京市大兴区赵先生问：海棠新叶脉间失绿，怎么回事？

北京市农林科学院林业果树研究所 研究员 鲁韧强答：

从图片看，海棠新叶黄化只有叶脉是绿色，是缺铁症的表现。进入雨季，盐碱地果树很容易发生缺铁症。

补救措施：可树下松土透气，树上喷 EDTA 螯合铁进行矫治。秋施基肥时混合施入硫酸亚铁（每株施 0.5～1 kg），增加土壤中可溶性铁的供给量。

 北京市丰台区网友"甲子"问：柿子树近期叶子已经变黄，边缘变干，是怎么回事？

北京市农林科学院林业果树研究所 研究员 鲁韧强答：

从图片看，柿子树叶变花变黄是发生了缺镁症。镁是能移动的可再利用元素，当一个新梢生长中缺镁元素时，新梢下部老叶中的镁元素会移送到梢上部叶片，致使老叶片缺镁成脉间失绿的肋状花叶。可喷施 0.3% 硫酸镁溶液进行矫正。

46 河南省郑州市网友"小马种植"问：冬枣树已经环剥、去芽且未发生虫害，但只开花不坐果，是怎么回事？

北京市农林科学院林业果树研究所 研究员 鲁韧强答：

冬枣树势偏旺，坐果相对较难。因此，必须综合使用多种措施才能坐果。已经环剥和摘心未见效果，可能与操作质量有关。例如，环剥为在花期截留营养，剥口需 25 天愈合，作用才比较大。如果剥口十几天就要愈合，应检查一下立即补刀，加宽伤口；新梢摘心是为节约养分，减少梢叶与花的营养竞争，再检查一下有没有漏摘心的新梢（强枝的延长梢也需摘心）；更重要的是在这些措施的基础上，还需喷 15 ppm 的赤霉素，间隔 5 天喷 1 次，连喷 2 次。枣树喜高温，花期温度低于 25 ℃不易坐果，在高温天气喷药效果才好。若有条件，在高温天气的傍晚再喷一下清水，增加空气湿度也可促进坐果。现在补救一下争取晚花坐果。

47 北京市平谷区某用户问：大棚里的番石榴果实是得了什么病？

北京市农林科学院植物保护研究所 副研究员 黄金宝答：

从图片看，番石榴像是得了炭疽病。防治该病，可先将病果摘掉，在室外深埋。然后在晴天上午用世高、凯润、咪鲜胺等药剂防治2～3次，每次间隔7～10天。打完药后关闭大棚的风口，棚温提升6～8℃后再放风。另外，防治药剂可轮换使用，以防产生抗药性。

48 河北省沧州市网友"梁××河北吴桥"问：猕猴桃在泡沫箱栽培了三年多，树叶发蔫是怎么回事？两天前才浇水施肥（分两次施了一斤多复合肥），养分大怎么办？

北京市农林科学院林业果树研究所 研究员 鲁韧强答：

从图片看，泡沫箱中的猕猴桃梢叶的萎蔫状态是缺水所致。如果没少浇水，那就是生理干旱，可能箱里的基质中肥料浓度过高，使猕猴桃根系吸水困难；或者是基质太疏松，浇水即渗，土壤不保水，使根系不能充分吸水，致使猕猴桃叶片总显旱象。建议更换大一点的泡沫箱，更换些新土，解决土壤养分浓度过大或不保水的问题，换箱后需浇足水。

两次施了一斤多复合肥，这种情况肯定是施肥太多了，导致土壤溶液浓度过高。解决办法：可以用铁锹从上至下扎透箱底，使上下通孔，然后浇大水稀释土壤养分，使水在箱底渗出，土干后再浇1～2次。

第三部分
粮食作物

(一)玉米

1 北京市房山区网友"霍××"问：玉米苗得了什么病？

北京市农林科学院玉米研究所 副研究员 尉德铭答：

从图片看，像是喷施封闭除草剂过量造成药害，致使玉米出现出苗不全、叶片卷曲、拱不出土等现象。有的地方是播种后一户接一户地喷施封闭除草剂，越靠后喷施的农户药桶中陈积的药量越多，这样就会发生药害。

如果整块地药害不太重，可采取浇水，喷施解毒剂或云苔素内酯加磷酸二氢钾或 1%~2% 的尿素溶液，加快幼苗缓解。另外，需看全田的情况，再决定是补种还是毁种。

2 北京市怀柔区张女士问：玉米心叶发黄，共有 3 亩地，发病率约 20%，是得了什么病，怎么防治？

北京市农林科学院玉米研究所 副研究员 尉德铭答：

从图片看，是得了玉米矮花叶病。此病在玉米整个生长期都可感病，尤以苗期受害最重。玉米三叶期即可显症，最初在幼嫩的心叶基部叶脉间出现许多椭圆形褪绿小点或斑纹，沿叶脉排列成断续的、长短不一的条点，随着病情发展，症状逐渐扩展至全叶，在粗脉之间形成几条长短不一、颜色深浅不同的褪绿条纹，脉间叶肉失绿变黄，叶脉仍保持绿色。随着玉米生长，病情逐渐严重，病叶叶绿素减少，叶色变黄，从叶尖叶缘开始逐渐出现紫红色条纹，最后干枯。病株黄弱瘦小，生长缓慢，株高常不到健株的 1/2，穗小、籽粒干瘪不饱满，严重的不能抽穗而提早枯死。感病时期越早，植株矮化越显著。

主要通过以下措施综合防治玉米矮花叶病。

（1）选用抗病、耐病品种，自交系黄早四具有很好的抗病性，其组配的杂交组合对玉米矮花叶病表现抗病。

（2）调节播期，使幼苗期避开蚜虫迁飞高峰期。

（3）加强田间管理，及时中耕除草，结合间苗，在田间尽早识别并拔除病株。

（4）治蚜防病，在玉米矮花叶病常发区，可用内吸杀虫剂包衣，以控制出苗后的蚜虫为害。在玉米播种后出苗前和定苗前，用10%吡虫啉30克/亩加5%菌毒清100毫升/亩喷雾，既杀虫，又起到一定减轻病害的作用。

3 北京市密云区网友"悠然"问：玉米长得很慢，是怎么回事？

北京市农林科学院玉米研究所 副研究员 尉德铭答：

从图片看，是氮肥施用量较大，玉米出苗后生长较快，但后来又遇到干旱，致使基部叶片干枯，心叶也受到抑制，从而导致生长很慢，可及时浇水缓解或伴随降雨会恢复过来。

4 北京市密云区网友"zzhu"问：玉米蚜虫怎么防治？

北京市农林科学院玉米研究所 副研究员 尉德铭答：

玉米蚜虫可用吡虫啉或噻虫嗪喷雾防治，每周一次，连喷3～4周，会有很好的防控效果。

5 河北省张家口市某用户问：玉米叶子边缘发黄干枯是怎么回事？

北京市农林科学院玉米研究所 副研究员 尉德铭答：

从图片上看，是玉米大斑病，应该及时喷施50%的多菌灵可湿性粉剂500倍液或75%的百菌清可湿性粉剂500倍液，7～10天喷1次，连续喷2～3次。

6 **河北省衡水市某农户问：春玉米小苗叶片上出现小孔洞和缺刻，然后接二连三地出现地表处茎被咬断，造成缺苗断垄。找不到虫子，是怎么回事？**

北京市农林科学院玉米研究所 副研究员 尉德铭答：

从描述看，可能是小地老虎为害造成的。小地老虎3龄前昼夜为害，啃食叶片，造成小孔洞和缺刻。3龄后白天潜伏在植株根部周围的土壤里，夜间为害，因此看不到虫子。一般从茎基部将植株咬断，造成缺苗。

主要通过以下措施进行综合防治。一是组织人工捕捉。在田间寻找刚出现的萎蔫苗、枯心苗，拔开萎蔫苗周围泥土，挖出小地老虎的幼虫处死，或者在被咬植株附近灌水，幼虫很快会爬出土面，爬出后即可捕杀。二是对砂壤地和虫口密度大的地块，采取灌水淹杀的措施。三是药剂防治。

（1）毒饵诱杀。用90%敌百虫溶液（300 g加水2.5 kg），溶解后喷在50 kg切碎的新鲜杂草上（地老虎喜食的灰菜、刺儿菜、苦荬菜、小旋花、苜蓿、艾蒿、青蒿、白茅、鹅儿草等杂草），傍晚撒在大田诱杀，每亩用毒饵25 kg。也可把麦麸等饵料炒香，每亩用饵料4～5 kg，加入90%敌百虫30倍水溶液150毫升，拌匀成毒饵，于傍晚撒于地面诱杀。

（2）药剂喷杀。可采用50%辛硫磷乳油800倍液、2.5%溴氰菊酯3000倍液、20%氰戊菊酯3000倍液或90%敌百虫800倍液，于幼虫1～3龄期喷雾。

7 河北省王先生问：玉米顶腐病发病的原因？

北京市农林科学院玉米研究所 副研究员 尉德铭答：

玉米顶腐病是由真菌或细菌感染引起的，病原菌在土壤、病残体和带菌种子中越冬，成为下一季玉米发病的初侵染菌源，特别是在遇到高温、多雨、强光照射下容易发病；该病害可分为镰刀菌顶腐病、细菌性顶腐病两种；主要从心叶等幼嫩组织、病虫害伤口处侵染，从苗期到成株期均可感病。一旦发现病株，要及时拔除并集中销毁；发病初期可用80%代森锰锌可湿性粉剂、5%菌毒清水剂防治。

8 北京市延庆区王女士问：当年产量很高的玉米，可以选大穗、好穗留种，用于下一年种植吗？

北京市农林科学院玉米研究所 副研究员 尉德铭答：

自己家种的玉米杂交种，脱下来的玉米籽粒属于F_2代种子，保存下来发芽率没问题的情况下种植可以结实，但是产量至少会降低20%以上。F_1代（第一代）杂交种在株高、长势、产量各个方面都有很强的杂交优势。如果将 F_1 代杂交种种植收获后留种，下年继续种植会产生严重的分离。植株高矮不齐，果穗大小不一致，成熟早晚也不一致，杂交种优势显著减弱，产量也大大降低，因此建议不要自己留种种植 F_2 代种子。

9 北京市顺义区某女士问：春玉米播种后遇到干旱天气，发现已经发芽了，但顶土出苗困难怎么办？

北京市农林科学院玉米研究所 副研究员 尉德铭答：

这种情况下有喷灌条件的最好喷灌浇水，没有喷灌条件的最好在玉米行间开沟，顺沟排水，防止地面板结。没有水源的情况下，及时查看天气预报等雨。因干旱出苗不好的地块，在幼苗期可以根外喷施叶面肥或磷酸二氢钾等。一是及时给幼苗的生长提供水分；二是提供养分，促进植株的复壮，提高幼苗抗性。

10 河南省某先生问：鲜食玉米长到四五十厘米就出天穗了，是怎么回事？

北京市农林科学院玉米研究所 副研究员 尉德铭答：

玉米长到四五十厘米就出天穗是不正常的，生产上出现这种情况，一般是因为苗期干旱造成穗分化不正常，天穗分化后雌穗分化不出来；有的是育苗移栽的，苗期蹲苗时间过长影响了穗分化就会出现这种情况；还有的是陈种子出苗慢、肥力不足、病虫害危害等综合因素造成弱苗，也会出现这种情况。

11 天津市津南区王女士问：玉米叶色浓绿，叶片僵直，宽短且厚，节间粗短，顶上叶片一簇一簇的，株高不到正常的一半，是怎么回事？

北京市农林科学院玉米研究所 副研究员 尉德铭答：

从描述看，这些玉米应当是感染了玉米粗缩病。玉米粗缩病是由玉米粗缩病毒引起的，是通过灰飞虱传播的病毒。

建议在苗期喷药治虫，可以用10%吡虫啉30克/亩加5%菌毒清100毫升/亩喷雾，既杀虫，又起到一定的减轻病害作用。每隔7日喷1次，连续用药2~3次可以控制发病。

12 北京市海淀区王先生问：玉米自交系保种用不用套雄穗？什么时间套好？

北京市农林科学院玉米研究所 副研究员 尉德铭答：

玉米自交系保种一定要套雄穗才能保证自交系的纯度，所以一定要套袋。一般是雌穗花丝漏出3厘米后的当天下午把雄穗用大袋套好，底部用曲形针别好，第二天上午露水散尽后采集花粉开始授粉。

13 北京市平谷区张先生问：玉米植株高度正常，表现青枝绿叶，但是为什么会出现空秆或长一个很小的穗？

北京市农林科学院玉米研究所 副研究员 尉德铭答：

玉米植株看似正常，但是发现穗位三节节间缩得很短，穗位节的叶片也变小，说明玉米在穗分化阶段受到短时间的高温干旱影响，雌穗没分化出来。如果干旱之后浇水很及时，玉米的生长就会看似很正常，表现为青枝绿叶。

（二）小麦

14 湖北省襄阳市王先生问：小麦叶片有皱纹是什么原因？

北京市农林科学院杂交小麦研究所 高级农艺师 单福华答：

小麦叶片出现褶皱是由低温或除草剂残留造成的。如果排除除草剂药害，就是前期低温冷害，温度冷热变化造成褶皱状搓板叶。

年前温度低，叶鞘停止生长，心叶空间小，春季叶片又生长快，就会有皱纹皱缩，形成搓板叶。春天小麦生长后遭遇倒春寒也容易形成搓板叶，随着温度升高，会慢慢缓解正常生长。

15 河南省陈先生问：小麦干枯发黄，怎么办？

北京市农林科学院杂交小麦研究所 高级农艺师 单福华答：

这是播种太早了，致使苗子旺长，这种苗子春季不能浇水施肥，需要镇压。如果通过镇压还是不能恢复，再结合喷施多效唑控制生长，等到拔节期根据亩茎数适当补肥。

16 北京市门头沟区刘先生问：小麦收割前遇到下雨天，会不会影响品质？

北京市农林科学院杂交小麦研究所 高级农艺师 单福华答：

小麦收割前遇到下雨天会影响品质，短时间下雨影响较小，长时间阴雨会严重影响品质，造成小麦商品质量下降，严重的还会使小麦出现发霉、发芽的现象。即使轻微发霉、发芽的小麦，也会使品质下降，导致收购的价格降低。所以在小麦收割前密切关注天气预报和灾害性天气预警，及时做好小麦的抢收工作是非常重要的。

17 河北省王女士问：小麦储藏用什么药熏蒸好？

北京市农林科学院杂交小麦研究所 高级农艺师 单福华答：

磷化铝作为熏蒸杀虫剂来预防小麦存储过程中出现的虫子，防虫效果好，使用起来比较方便，价格也不贵，得到了农户们的喜爱。磷化铝吸水后，会产生磷化氢气体，粮食存储过程中经常出现的老鼠、昆虫及其他的害虫，吸入磷化氢气体后，会影响它们的正常呼吸，起到防虫杀虫的目的。磷化铝属于高毒农药，切记按说明书使用。

18 天津市某用户问：小麦种子是年年换，还是用自留种好？

北京市农林科学院杂交小麦研究所 高级农艺师 单福华答：

小麦的自留种和商品种的区别：正规的商品种是用高等级的原种或原种经过科学的世代繁殖获得的，其品种和质量指标（包括种子纯度、含水量、发芽率等）都是通过实地种植试验检验，是有保证的，在品种批准的区域种植风险较低；自留种是农户上年种植或交换的粮食，经过简单的加工和挑选后再次用作种子。

如果种植的是杂交小麦品种，一般当年种植的是杂交一代（F_1），再种下去就是杂交二代（F_2），F_2 代会出现遗传分离现象，很多性状如株高、穗长等会出现差异，产量也不能保证。因此，杂交小麦是强烈不建议用自留种的。

如果种植的不是杂交小麦品种，而是长期种植的本地品种，可以考虑使用自留种，但也要考虑经济情况和成本预算。

19 河南省焦作市农户问：什么时候机器收割小麦合适？

北京市农林科学院杂交小麦研究所 高级农艺师 单福华答：

小麦机收宜在蜡熟末期至完熟初期进行，此时产量最高，品质最好。蜡熟末期植株变黄，仅叶鞘茎部略带绿色，茎秆仍有弹性，籽粒黄色稍硬，内含物呈蜡状，含水率为20%～25%。完熟初期叶片枯黄，籽粒变硬，呈品种本色，含水率在20%以下。

机器收割的具体时间：一天当中最好是在上午9点以后和下午6点之前。中午太热可能出现落粒，可以适当暂停两小时。不宜在雨天操作，因为小麦收割遇雨，麦粒受潮会影响品质。

20 北京市大兴区某用户问：小麦麦秸打捆做什么用？

北京市农林科学院杂交小麦研究所 高级农艺师 单福华答：

北京小麦秸秆的处理方式主要有两种：一种是麦秸秆直接粉碎还田实现肥料化利用；另一种是麦秸秆打捆收集离田利用，用于附近的养殖场，如用于牛场垫料、食用菌原料或有机肥加工等。

第三部分 粮食作物

21 北京市平谷区王先生问：小麦种子田去杂保纯有哪些技术要求？

北京市农林科学院杂交小麦研究所 高级农艺师 单福华答：

小麦种子田去杂保纯，要做到"准""狠""净"。

"准"即从株高、株型、穗型、穗色等各个方面认真鉴定，准确去掉杂劣株；

"狠"即整株拔掉杂株，不可剪穗，杜绝只拔除植株较高的杂穗头而漏掉杂株分蘖穗；

"净"即反复去杂，直到田间检验纯度达到国家标准。

此外，对于田间的野麦子，应及早全部拔除，对于雀麦等田间杂草，应随时发现随时拔除。拔除的杂穗、野麦子、杂草等要带到麦田外销毁。

22 河北省石家庄市某先生问：小麦怎么测产量？

北京市农林科学院杂交小麦研究所 高级农艺师 单福华答：

小麦测产，需要根据田块大小在田间多选几个样点，取这几个样点测产的平均数，一般5个样点左右较合适。

在点位选择上，可以采用对称的"X"样选点法，或者蛇形选点法。一般需要测量和计算以下3个重要参数。

（1）亩穗数。

选取长度1米，相邻两行作为样点基础，称为"一米双行"。

一般认为穗粒数 5 粒以上为有效穗,有多少有效穗,就算这两行小麦一米范围内有多少麦穗,将查到的麦穗数量记录下来,等到所有点位都查完了,再计算每个点位的平均麦穗数量,获取平均数。

换算关系:穗数 ×667/ 平均行距 = 每亩穗数(万 / 亩)。

(2)粒数。

在查穗数的时候需要随机抓 10～20 个麦穗,数一数一共有多少颗麦粒,通过得到的数据可以获得这块地里平均麦穗的麦粒数量。

(3)千粒重。

小麦的预计粒重一般可以由前 3 年同品种在本地的千粒重的平均数来计算。

如果是湿麦粒的粒重,计算时可以乘以 85% 换算成干粒重。

一般产量使用下面的公式计算:亩产(kg)= 每亩穗数 × 平均每穗粒数 × 千粒重(g)/(1000×1000)。

23 北京市海淀区刘女士问:小麦快收获了,机收小麦留茬高度多少合适?

北京市农林科学院杂交小麦研究所 高级农艺师 单福华答:

机收小麦割茬高度应根据小麦的高度和地块的平整情况而定,一般以 5～15 厘米为宜。如果割茬过高,由于小麦高低不一或机车过田埂时割台上下波动,易造成部分小麦漏割,因此在保证正常收割的情况下,割茬应尽量低些。但最低不得小于 5 厘米,以免切割泥土,加快切割器磨损。

24 北京市海淀区某农户问：小麦秸秆还田有哪些技术要求？

北京市农林科学院杂交小麦研究所 高级农艺师 单福华答：

小麦秸秆还田的技术要求包括以下几点。

合理调节切割装置，刀片间距调整为 8～9 厘米，秸秆粉碎长度小于等于 10 厘米、呈撕裂状，平均留茬高度小于等于 10 厘米；

通过加装均匀抛撒装置板控制秸秆抛撒力度、方向和范围，提高均匀度，抛撒宽度能够达到 1～2.5 米，覆盖整个收获作业幅宽。

25 北京市通州区某用户问：小麦每亩播种几斤种子合适？

北京市农林科学院杂交小麦研究所 高级农艺师 单福华答：

通常亩产量在 500 公斤以上的高产田块，每亩播种量建议在 10～12 公斤；亩产量 400 公斤左右的中低产田块，每亩播种量建议在 12～14 公斤；亩产量 300 公斤左右的低产田块，每亩播种量要求在 17 公斤左右。地力条件好的田块播种量要少，这是因为地力和水肥条件好，植株发育好，分蘖较多，尤其是单株 3 穗以上的植株比例多，增强了单穗和穗群的总库容量和生产能力。在满足穗数的前提下，尽可能压缩播种量，增加分蘖的比例，有利于在足穗的基础上攻取大穗，符合"小、壮、高"栽培途径的核心要求。反之，如果地力条件差，小麦不能得到充足的养分，冬前基本无分蘖，单穗植株所占比例过大，就要适当增加播种量。还要根据土壤墒情，以及种子千粒重还有出苗率仔细计算。

26 北京市大兴区某用户问：小麦播种如何进行拌种？

北京市农林科学院杂交小麦研究所 高级农艺师 单福华答：

有条件的地区，小麦播种前一定要拌种。播前使用杀虫剂、杀菌剂及生长调节剂或复合药剂拌种，主要是预防土传、种传病害，地下害虫及苗期蚜虫为害。

其技术要点是单一药剂拌种时，用50%辛硫磷乳油按种子重量的0.2%拌种防治地下害虫；用70%吡虫啉按小麦种子重量的0.1%拌种防治苗期蚜虫；用多菌灵可湿性粉剂按种子重量的0.2%拌种，或者用2%立克秀干拌剂、20%粉锈宁乳油按种子重量的0.1%拌种，或者用12.5%特普唑可湿性粉剂按种子重量的0.25%拌种，预防锈病、白粉病。拌种时可添加植物生长调节剂或用复合药剂拌种综合防治，提高小麦发芽势、发芽率和出苗率，培育壮苗，拌种后堆闷4～6小时晾干后即可播种，堆放时间过长会影响发芽率。

27 北京市大兴区某用户问：种植小麦，底肥和追肥怎样的比例合适？

北京市农林科学院杂交小麦研究所 高级农艺师 单福华答：

小麦施肥应以底肥（农家肥）为主，追肥（化肥）为辅、氮磷钾配合施用，氮磷钾之比一般为3∶1∶3。底肥用量一般占总施肥量的 60%～80%，其余 20%～40% 为春季返青或拔节期的追肥。

28 北京市通州区网友问：墒情不足造成小麦出苗不齐的地块，应该怎样补水？

北京市农林科学院杂交小麦研究所 高级农艺师 单福华答：

抢播后未出苗地块或出苗不齐的地块可先喷灌 2～3 小时，快速完成全田补水，灌溉时间不宜过长，以出苗齐全为目标。

浇水后墒情仍未达要求的，需进行第二次补水，帮助麦苗顺利出土。如果地表板结影响出苗，应尽快采取措施破除板结，保证出苗整齐一致。个别未播种地块，应尽快播种，先播种后浇水，播后镇压保墒。

29 河北省衡水市某用户问：小麦苗期虫害有哪些？

北京市农林科学院杂交小麦研究所 高级农艺师 单福华答：

有麦蚜，蚜虫除将直接为害造成小麦减产外，还会传播小麦黄矮病。当蚜株率超过 5%，百株蚜量 10 头左右时，应进行药剂防治。每亩用蚜虱净 25 mL 或大功臣 20 g 或吡虫啉 20 g 加水 40～50 kg，顺麦垄喷雾，防治效果可达 98%，并能兼治小麦红蜘蛛。

有地下害虫，主要是蝼蛄、蛴螬、金针虫。小麦出苗后 30 天选择有代表性的地块调查，当死苗率达到 3% 时，立即施药防治以减少损失。

30 北京市大兴区某用户问：北京地区小麦越冬前是否一定要浇冻水？

北京市农林科学院杂交小麦研究所 高级农艺师 单福华答：

一定要浇好冻水。大多都需要浇冻水，土壤含水量比较多、湿度比较大、麦苗长势比较旺的除外。

（1）防冻，冬季天气气温寒冷，小麦幼苗不能抵御严寒的时候，可以通过浇水提高地温，减少小麦冻害的发生。

（2）保证小麦越冬期有适宜的水分供应，有利于巩固冬前分蘖，促进新生分蘖，并兼有冬水春用、防止春旱的效果；

（3）浇好冻水可以塌实土壤，冻融风化坷垃，弥补裂缝，消灭越冬害虫，有利于盘墩分蘖；另外，冬灌还有促进微生物活动、加速有机肥料分解，满足小麦返青后生长的效果。

31 河北省衡水市某用户问：怎么判断小麦是否为旺苗？

北京市农林科学院杂交小麦研究所 高级农艺师 单福华答：

一望：站在地头，小麦已经封垄（只见麦苗，不见垄沟），这样的小麦，基本上属于旺长苗。

二数：拔掉一株麦苗，如果分蘖超过6个，主茎达到7叶，最长叶片超过20厘米，基本可以判定小麦为旺长苗。

三观察：田块麦苗整体长势较旺，叶鞘又长又薄，且顶部叶片修长呈轻微扭曲状，也是小麦前期旺长的症状表现。

冬前小麦长势喜人，并不是好现象，如果小麦符合以上3种情况，就可能出现了旺长，应及时为小麦进行控旺处理。

32 北京市房山区某用户问：彩色小麦是转基因品种吗？

北京市农林科学院杂交小麦研究所 高级农艺师 单福华答：

彩色小麦是常规育种选出的新品种，而非转基因产品。从麦穗等外观上看与普通小麦一样，但麦粒表面呈黑紫色、蓝色等。这种小麦富含花青素，多酚氧化酶、维生素E等生物活性物质，硒、钙、铁、钾、锌等微量元素普遍高于普通小麦，具有一定的保健功能。

33 河南省刘女士问：什么是小麦后期的"一喷三防"？

北京市农林科学院杂交小麦研究所 高级农艺师 单福华答：

小麦后期的"一喷三防"是指在小麦灌浆期的管理中，将杀虫剂、杀菌剂、植物生长调节剂（如微肥、抗旱剂等）混配，一次施药可以达到防病虫害、防干热风、防倒伏、增加粒重的目的。"一喷三防"指的是防虫、防病、防干热风。

(三)其他作物

34 北京市平谷区孙女士问：花生是得了什么病，怎么防治？

北京市农林科学院植物保护研究所 副研究员 黄金宝答：

从图片看，是花生白绢病，属于真菌性病害。除选用抗病品种和轮作外，可用异菌脲、速克灵及凯泽（啶酰菌胺）等农药防治。

35 北京市海淀区某用户问：黄豆叶片和叶尖都发黄和皱缩，是得了什么病，怎么防治？

北京市农林科学院植物保护研究所 副研究员 黄金宝答：

从图片看，像是病毒病。防治病毒病，没有治疗药剂，只有通过防治蚜虫、白粉虱、蓟马等传毒虫媒，达到防病效果。另外，病毒病可通过接触传染，因此需少窜地，农事操作也要先管理健康植株；如病株不多，可直接拔除。

36 北京市密云区张先生问：谷子是怎么回事？

北京市农林科学院杂交小麦研究所 高级农艺师 单福华答：

从图片看，像是细菌性谷子褐条病，阴雨天气发生严重。特别在拔节期至抽穗期连续阴天寡照，高温多雨有利于发病；过度密植，株间通风透光不好有利于该病发生；重茬地、低洼地发病重；虫害发生严重的地块该病发生重。

防治措施：可在初发期用72%农用链霉素4000倍液、20%噻森铜悬浮剂500倍液、46.1%氢氧化铜水分散粒剂1500倍液、25%噻枯唑可湿性粉剂300倍液、20%噻菌铜悬浮剂500倍液、85%三氯异氰尿酸可溶性粉剂1500倍液喷雾防治。每隔7天防治1次，连防2～3次。

37

广西壮族自治区南宁市某网友问：一片荒地开垦半年了，但有少量的砖头和石头，适合种植红薯和芋头吗？需要注意什么？

北京市农林科学院玉米研究所 副研究员 尉德铭答：

从图片看，现在的地是可以种植红薯和芋头的。

种植红薯最好选择肥沃、深厚、保水力较强的沙壤土。在广西栽红薯最佳的时间为5月5—15日，具体时间根据当地的环境温度和气候变化而变化。红薯生长需要当地平均气温稳定在15 ℃以上，浅土层地温到17～18 ℃时比较适宜。

种植芋头最好选择肥沃、深厚、保水力强的黏性土。播种的时候尽量选择无病虫与无伤口的种芋，要先把种芋摊开晒3～4天，然后平铺均摊在室内，在上面铺上湿沙，将室温控制在23 ℃左右，大约1个月后就能长出3～4厘米的芽，待室外温度稳定在12 ℃左右的时候就可以栽植了。栽植的时候株距为35厘米左右，每亩种植5000株左右。

38 重庆市网友问：最近雨水有点多，前几天发现谷子苗黄，幼苗不扎新根，苗上黑色的东西是什么？

北京市农林科学院玉米研究所 副研究员 尉德铭答：

从图片看，谷子苗黄不扎新根与整地粗糙、地不平、缺水有关。近期雨水较多，谷子苗很快会恢复生长。施氮肥多、降雨多，都容易出现谷子锈病，叶片上的黑点、黑斑是锈病孢子，借风力可继续传播，应尽快喷施三唑类药剂防治。

第四部分
花卉

1 河北省保定市网友"越过越好"问：绿帝王喜林芋黄叶是怎么回事？

北京市农林科学院蔬菜研究所 高级工程师（教授级）周涤答：

从图片看，新叶还正常，问题不大。光照过强、浇水不当或冬季温度较低都是导致绿帝王喜林芋叶子发黄的原因。

室内养护夏季忌阳光直射；保证土壤要排水良好，不能长期土壤水湿，应见干见湿，有规律地浇灌；要定期施肥，保持良好的通风环境。对照养护建议和环境及时排除不利因素。

2 北京市海淀区柴女士问：牵牛花叶片是怎么回事？

北京市农林科学院植物保护研究所 副研究员 黄金宝答：

从图片看，可能是红蜘蛛为害，可用阿维菌素或联苯肼酯（爱卡螨）等药剂防治。

3 安徽省网友"阜阳玉米"问：牡丹移栽什么时间最好，现在适合牡丹移栽吗？

北京市农林科学院蔬菜研究所 高级工程师（教授级）周涤答：

以传统的洛阳牡丹为例，最佳的移栽时间是9月20日至10月10日，大概就是在秋分时节。

现在已经10月下旬，此时栽植，新根还能继续生长一个半月，有利于植株充分恢复生长，保证养分积累，利于越冬成活和次年生长或开花。其他地区可以参照，北方寒冷地区需要提前。

4 北京市顺义区网友问：冬季如何养护多肉？

北京市农林科学院蔬菜研究所 高级工程师（教授级）周涤答：

一是需要保温避免低温造成冷害。二是保证光照充足。三是对于冬季休眠型的夏型种类，如龙蛇兰科、大戟科大戟属要控制少浇水；对冬型种类，如番杏科，以及青锁龙属、瓦松属等则是处于生长期，可以适当增加浇水频率，保持通风，最好在中午温暖时进行。

5 北京市东城区网友问：冬季养花需要注意哪些问题？

北京市农林科学院蔬菜研究所 高级工程师（教授级）周涤答：

进入冬季，植物生长环境在温度、湿度方面变化较大。对于喜温暖湿润的原生地在南方的种类要避免低温造成冷害和冻害；以保持环境温度高于15 ℃为宜。通常冬季植物生长减缓，应减少浇灌和施肥。保持盆土潮润即可。冬季光照弱，尽量将喜阳的种类移植到明亮的位置。开窗通风时应避免冷风近距离接触和长时间刺激植物枝叶进而引起植物损伤。

6 北京市东城区网友问：长寿花上的白点是什么，怎么防治？

第四部分 花卉

北京市农林科学院蔬菜研究所 高级工程师（教授级）周涤答：

从图片看，应该是蚧壳虫为害所致。由于是家里养殖，而防治蚧壳虫的药剂少而且有毒，建议人工防治。可用手碾死，或者用镊子、锯子去掉这些白色（含红色）的虫卵，再用水洗净，注意必须摘除干净。

7 北京市海淀区网友"沈"问：多肉是什么虫子为害的，怎么防治？

北京市农林科学院蔬菜研究所 高级工程师（教授级）周涤答：

从图片看，是圆盾蚧虫。保持良好的通风透光环境可以防止和减轻为害；可能的话摘除虫叶，剪去虫口密度大的虫枝，或者刮除表面的蚧虫，注意活虫体不要随地丢弃。

非必要可不用化学药剂。可在若虫孵化期选喷40%氧化乐果乳油1000倍液喷洒或涂抹，建议移到室外操作。这株多肉已经没有保留的价值了，建议连盆土销毁丢弃，避免虫体为害其他植物。

8. 北京市海淀区陈女士问：绿萝上有黄褐色斑块，怎么回事？

北京市农林科学院蔬菜研究所 高级工程师（教授级）周涤答：

生长势弱的植株容易受到真菌侵染，发生炭疽病或叶斑病。

炭疽病发病初期叶片上会出现红色至黑色的小斑点，之后会发展为椭圆形斑块，边缘呈黑褐色。而得了叶斑病的叶片上会出现不规则的灰褐色斑块，还会逐渐扩展到植株茎或根部。严重时会导致植株死亡。

应在发病初期及时采取防治措施。可以采用低毒广谱的杀菌剂，如代森锰锌或甲基托布津溶液喷洒或灌根，每隔7～10天用1次药，连用2次。

9 北京市海淀区陈女士问：绿萝叶片发黄是怎么回事？

北京市农林科学院蔬菜研究所 高级工程师（教授级）周涤答：

绿萝属阴性植物，性喜温暖、潮湿环境，要求土壤疏松、肥沃、排水良好。绿萝对温度反应敏感。生长适温18～35℃。环境温度低于15℃时绿萝会停止生长，低于10℃时会发生冷害。夏天忌阳光直射，在强光下叶片容易枯黄而脱落，或者出现黄斑。应置于有散射光明亮的位置。浇水不当（水分过多或过少），也会导致叶片发黄、萎蔫等。注意不能长时间积水或盆土长时间水湿，易造成根系损伤，应掌握见干见湿的原则。施肥不当等也会引起叶片发黄，应定期施肥，但不宜施浓肥，避免发生"烧根"。绿萝喜湿润环境，经常用水喷洒叶面有利于植株生长，同时注意通风和适当修剪过密枝叶。

10 北京市海淀区某女士问：这是什么花？如何养护？现在能否换盆？

北京市农林科学院蔬菜研究所 高级工程师（教授级）周涤答：

这是花毛茛，其性喜冷凉，生长适温 10～20 ℃，进入夏季后块根进入休眠期，需要肥沃且排水良好的沙质壤土。花毛茛喜光也耐阴，忌严寒和酷热。宁干勿湿，忌积涝。可以换盆，注意尽量保持土坨不散，减少根须受损。同时保证新土与原根部接触紧密，有利缓苗，但通常开花期不建议换盆。

11 北京市延庆区网友问：绿植花盆土上起白色的盐霜，花盆外也有盐霜疙瘩，是怎么回事？

北京市农林科学院蔬菜研究所 高级工程师（教授级）周涤答：

浇水不当或长期用自来水浇灌导致土壤盐分过多积累，出现的"返盐"现象。可以考虑换土，及时改善土壤高盐分的不利影响。浇水应浇透，及时倾倒盆托盘内的积水，条件允许时，用雨水浇灌。

12 云南省网友"一只羊"问：玫瑰花新长出来的叶片总有些发皱，不过看长势还挺好，怎么回事？

北京市农林科学院蔬菜研究所 高级工程师（教授级）周涤答：

由虫咬噬嫩芽所致。

13 云南省网友"一只羊"问：有几棵月季和玫瑰长虫子了，需要打药吗？打什么药？

北京市农林科学院植物保护研究所 推广研究员 石宝才答：

从图片看是旋幽夜蛾，可以喷阿维菌素类的药防治。

14 云南省网友"一只羊"问：前段时间月季被红蜘蛛为害，较为严重，连续用了两次药，基本控制住了，但是现在新叶长得很慢或基本不长，怎么办？

第四部分 花卉

北京市农林科学院蔬菜研究所 高级工程师（教授级）周涤答：

从图片看，叶片上有受叶螨侵害后遗留的明显瘢痕，同时植株有缺肥的症状。

处理措施：受损叶片生理功能明显下降，且有较大可能残存虫体，应修剪去除有斑叶片和细弱枝条，同时减少营养消耗。追施 1:1:1 均衡肥，但不宜过浓，可通过浇灌随水带肥。还要继续防控病虫害的发生，预防性措施不能欠缺。处理后恢复生长需要一定的时间，2～3 周可以显现效果。以上药剂均可加入有机硅 3000 倍液或矿物油以增加渗透性。

注意：为了保护天敌，不要喷施广谱性杀虫剂。

15 云南省网友"一只羊"问：扦插两个月的玫瑰花有很多叶片都是这样的，这些叶片逐渐就枯萎了，怎么回事？

北京市农林科学院蔬菜研究所 高级工程师（教授级）周涤答：

从图片看是玫瑰霜霉病，可用波尔多液或瑞毒霉防治。

16 江苏省某用户问：绿植"一帆风顺"在五一期间干了，还能救活吗？

北京市农林科学院蔬菜研究所 高级工程师（教授级）周涤答：

需要立即补水，保持土壤湿润两三天，待叶片舒展正常了再浇灌。可以放阴凉处，但水别浇多，切忌恢复期间沤根。

第四部分 花卉

17 山东省潍坊市网友"雨霁"问：澳洲鸭脚木叶子上有很多白色的虫，该如何处理？

北京市农林科学院植物保护研究所 高级农艺师 徐筠答：

从图片看，像是蚧壳虫为害所致，可以喷专门杀蚧壳虫的药剂防治，如扑虱霸、蚧宝、速蚧克、噻嗪酮等。

18 北京市海淀区王女士问：夏季如何养护君子兰？

北京市农林科学院蔬菜研究所 高级工程师（教授级）周涤答：

君子兰喜温暖、湿润及半阴环境，怕酷热和阳光直射。夏季避免环境温度大于30℃，盛夏应遮阴，夏季停止施肥，浇水以保持土壤潮润即可，浇灌过勤使土壤长时间水湿易造成烂根。加强环境通风，保持叶面清洁，可以经常用湿布擦拭叶片。

19 河北省衡水市王女士问：月季开完花后怎么修剪？

北京市农林科学院蔬菜研究所 高级工程师（教授级）周涤答：

针对月季的矮枝，可从花下往下找到有5片叶子的位置，保留朝外生长的叶子，上部全部剪掉，这样修剪完成以后，芽点也是朝外生长的，后期长出芽就不会形成内部交叉的枝条，可以充分接受光照。

针对一些粗壮的长枝条，修剪的原则就是剪掉1/3～1/2，整体的高度根据上一次修剪矮枝条时候的大体高度去保留。

针对一些底部和内侧交叉生长的细枝弱枝，开花后应全部剪掉，修剪掉以后能够增加整个植株的通风度，土表的水分能够快速蒸发，不容易出现烂根及落叶等情况。

花后及时修剪可以增加通风，满足有效叶片的光照条件，增加植株长势和抗病能力，再结合花后追肥，后期花开的才会株型美观和繁茂。

20 北京市西城区某用户问：独本菊如何秋养？

北京市农林科学院蔬菜研究所 高级工程师（教授级）周涤答：

独本菊也称标本菊，每盆栽一株，能充分表现出品种的特征。通常培育独本菊分冬存、春种、夏定和秋养。

以北方地区为例,进入秋季,夏定的新株已成形,此时需要翻松表土,再添加三成加肥营养土,保证水肥充足。9月上旬后,每周施一次稀薄腐熟有机肥液,在间隔期,根外施用3‰磷酸二氢钾溶液直至花蕾透色。9月中旬植株花芽已全部形成并进入孕蕾阶段,应及时用支撑物绑缚固定。随时观察剥除腋芽萌发的侧蕾,以保证顶蕾充分发育。具体应因各地气候和环境条件而异,培育独本菊的各个阶段的养护措施需要灵活掌握。

21 北京市大兴区某用户问:入秋后君子兰养护需要注意什么?

北京市农林科学院蔬菜研究所 高级工程师(教授级)周涤答:

秋季是特别适合君子兰生长的季节,此时光照强度减弱,温度逐渐凉爽,君子兰从高温休眠的状态解除,进入生长旺盛期。虽然此时日照时数逐渐减少,但仍要避免强光暴晒。

秋季是君子兰换盆换土的最佳时间。换盆的时候要选择适合植株大小的盆,换盆会流失一部分营养,所以换盆换土以后还要加入适当的营养土,营养土的成分一般以腐叶为主,适当加入木炭、炉渣、粗沙即可。也可购买可靠商家的君子兰专用土,换盆时顺势进行分株。

君子兰在开花的时候需肥量较大,特别是磷钾肥,施肥的时候一定要注意不要把肥料施到肉质根上面,以免烧伤根部,掌握施肥频率,忌一次施肥过浓。浇水要充足也要有规律,掌握见干见湿的原则。

22 河北省石家庄市柴先生问：秋季如何养护发财树？

北京市农林科学院蔬菜研究所 高级工程师（教授级）周涤答：

发财树喜高温高湿光照充足的生长环境，入秋的光照和温度仍然可以满足其生长。北方秋季风干物燥，主要注意提升喷水频率以保持环境较大的湿度，防止叶片出现干枯。增加施肥量但不要施浓肥（容易损伤根系，导致植株死亡）。安全的方法是增添腐熟有机肥营养土的方法来施肥，添加的肥土不超过原土的1/3。浇灌方面，发财树以保持盆土潮润为宜，不要长时间积水或盆土过湿，避免烂根。

23 河北省石家庄市某用户问：秋季如何养护月季？

北京市农林科学院蔬菜研究所 高级工程师（教授级）周涤答：

秋季告别了高温，对月季生长有利，但干燥多风导致环境干燥，对嫩叶生长不利，因此应在上午10点前喷水或浇灌，施肥方面：入秋后应加大养分的补给，增施磷钾肥，减少氮肥，目的是保证后期花芽发育的营养储备需要，还要控制新枝生长，减少对养分的消耗。适时进行松土除草管理，加强防治病害的管理措施等。

第四部分 花卉

24 北京市海淀区陈女士问：绿萝如何修剪？

北京市农林科学院蔬菜研究所 高级工程师（教授级）周涤答：

绿萝修剪可以保持饱满的株型和旺盛的生长势，保持良好的通风，防止枝叶过密引发病害。

修剪时可以将过长枝条在根部以上 20 厘米处修剪，过密的植株在基部进行修剪，修剪掉细弱枝、病枝。

除了枝叶的修剪，对于盆栽且较长时间没有换土的植株还要进行根部的修剪，有利于植株复壮。操作时修剪掉老根过长的盘错根须，保留基部以下 15 厘米左右的根即可。

无论是修剪枝条还是根须，修剪后都需要通风，待切口愈合再进行栽植，避免剪切伤口受到病菌侵染。同时移栽后要用上述杀菌剂稀释溶液浇灌，通常放在阴凉通风温暖的环境 2～3 周可以恢复生机。

25 北京市海淀区某用户问：**移栽过冬的紫藤，开春需要用生根粉吗？**

北京市农林科学院蔬菜研究所 高级工程师（教授级）周涤答：

不需要用生根粉。秋冬两季是紫藤的休眠期，是适合移栽的季节，按照正确操作移栽紫藤，如完整保留根部土坨、修剪侧枝、一次性灌足定根水。

26 北京市房山区某用户问:刚入手的山茶花,长满花蕾却不开花是什么原因?

北京市农林科学院蔬菜研究所 高级工程师(教授级)周涤答:

这种情况主要是由环境变化引起的,和环境湿度有关,可以给周围环境喷水、叶片喷雾,增加环境湿度,另外夏季要遮阴防止暴晒。

第五部分
土肥

1. 天津市某农户问：为什么作物偏施氮肥效果不好？

北京市农林科学院植物营养与资源环境研究所 研究员 张有山答：

原因有以下两个方面。

（1）作物茎、叶生长过于旺盛不能正常开花结实，就是由于偏施肥，作物营养生长与生殖生长不协调，致使作物生长过旺，后期易贪青、倒伏。例如，偏施肥影响小麦籽粒灌浆，造成减产。

（2）偏施肥易导致养分失调。作物吸收养分是有一定比例的，如氮过多、磷钾少，造成比例失调。氮素在植株体内的运转不能及时合成蛋白质，到生长后期茎叶中的氮素多以游离态存在，不能及时向结实器官输送，导致产量不高、经济效益差，故施肥时要平衡施肥，氮磷钾养分按一定比例施入才能提高产量，增加肥料经济效益。

2. 河北省承德市某农户问：氮、磷、钾化肥在土壤中会发生什么变化？与合理施肥有什么关系？

北京市农林科学院植物营养与资源环境研究所 研究员 张有山答：

氮磷钾化肥施入土壤后，一般有3个去向：一是被作物吸收；二是养分损失；三是土壤残留，其中也包括生物固定和土壤固定。提高肥料利用率的关键是减少养分损失。

（1）氮肥。氮肥的损失途径：氨的挥发损失、硝酸盐的淋失、反硝化作用引起的脱氮损失。生产上采取氮肥深施覆土，硝态氮不作基肥，不在水田施用，可以使用氮肥增效剂，减少因铵态氮硝化引起氮的损失等措施。

（2）磷肥。磷肥利用率一般只有10%～25%，主要原因是土壤的化学固定。被固定的磷肥在一定的条件下可慢慢释放出来（如磷细菌的作用）。磷肥在土壤中移动性小，做基肥比较合适，集中施用、分层施用、与有机肥堆沤后施用或二者混合施用都能提高肥效。在南方应用钙镁磷肥效果比在北方的碱性土壤应用效果好。

（3）钾肥。钾肥施入土壤后一部分被作物吸收，一部分被土壤吸附。它的利用率较高，可达到40%～50%。为减少土壤固定，施肥时尽量靠近根系密集的湿润土层中，同时为减少固定，不宜过早施入，在播种前施入播种沟中，以提高利用率。

3 河北省石家庄市某先生问：评价合理施肥的指标有哪些？

北京市农林科学院植物营养与资源环境研究所 研究员 张有山答：

一般情况下，评价合理施肥有5项指标。

（1）高产指标：在原有基础上再提高单产。

（2）优质指标：不仅要提高单产，而且质量要有所改善。

（3）高效指标：合理施肥不仅产量、质量要有所提高，而且要提高产投比，提高施肥效益。高效是以投肥合理，提高产量和质量为前提。

（4）生态指标：通过合理施肥，尤其定量化施肥，控制氮肥用量，使地下水不受污染，保护环境。

（5）改土指标：通过有机肥化肥的合理配施，在逐渐提高产量的同时，能使农田土壤肥力有所提高，增加土壤中养分含量，也能改善土壤的物理性状（如透气性、容重和保水保肥性能）。

4　北京市平谷区某先生问：施肥技术包括哪些内容？

北京市农林科学院植物营养与资源环境研究所　研究员　张有山答：

施肥技术涉及的内容主要包括肥料种类、施肥时期、施肥方式与方法、施肥数量、养分比例与施肥位置等。施肥效果是各项施肥技术的综合反应，但在配方施肥技术中，确定施肥量是核心问题。因为其他施肥技术的效果只有在适宜施肥量的前提下才有意义。如果施肥量定得太高，在肥料浪费已成定局的情况下，施肥技术再好也没用。因此，经济合理施肥既要保证作物有必要的营养，又要减少肥料损失和节省肥料的投资。

5　北京市大兴区某先生问：化肥是怎样污染环境的？

北京市农林科学院植物营养与资源环境研究所　研究员　张有山答：

合理施用化肥已成为促进农业生产的重要措施。但是，如果化肥施用过量，不仅危害作物、浪费资源，而且会严重污染土壤和地下水源，化肥污染以氮肥最为突出。

（1）破坏大气臭氧层。氮肥施入土中后，有一部分经过反硝化作用，形成了氮气和氧化亚氮。氧化亚氮到达臭氧层后与臭氧作用，生成一氧化氮，使臭氧减少，使得紫外线照射更强烈，造成更大危害。

（2）水体和地下水的富营养化。由于过量施用氮磷进入水体，会引起水体的富营养化，导致藻类等过量繁殖，使水中的氧被大量消耗，水体呈缺氧状态，造成鱼类死亡。由于土壤中硝态氮向下淋洗，也会造成地下水富营养化，造成水中硝酸盐超标和地下水污染，影响人们健康。化肥对环境的污染是由于不合理施肥造成的，而不是化肥本身，关键在于要合理施肥。

6 北京市门头沟区某先生问：绿色食品与施用化肥有什么关系？

北京市农林科学院植物营养与资源环境研究所 研究员 张有山答：

绿色食品是无污染的安全、优质的营养类食品的统称。生产绿色食品需要实施以下措施。

施肥要以有机肥为主，减少化肥用量。

（1）绿色食品和施用化肥并不矛盾。化学氮肥是作物可直接吸收的氮源，而有机肥经过微生物分解，使有机态氮源转化为无机态氮，它最终也是以无机态氮素供作物吸收的。

（2）适当控制氮肥用量。绿色食品，如蔬菜若要获得较高产量和经济效益，有机肥和氮肥要配合施用，但一定要控制氮肥用量。

（3）严格掌握氮肥的追肥时间。蔬菜的硝酸盐含量不断变化，随着氮肥追肥时间的推移，其体内的硝酸盐含量有逐渐减少的趋势。施入的有机肥氮肥，经过15天左右其体内的硝酸盐就会明显减少。因此，绿色食品的蔬菜追施氮肥应在收获前15～20天进行。

7 北京市大兴区某用户问：底肥是否用磷钾肥，底肥是否需要施用高氮肥？

北京市农林科学院植物营养与资源环境研究所 研究员 张有山答：

不同作物需求养分的种类、数量和时间均有不同。

磷肥在农业生产上主要有过磷酸钙（含磷15%左右）和磷酸二铵（含磷48%），钾肥主要有硫酸钾和氯化钾（含钾均在50%左右）。复合肥有磷酸二氢钾（含磷22%左右，含钾28%左右）。在使用上磷肥多用于基肥，其中二铵也可用于追肥。钾肥可用于基肥和追肥，对于小麦、玉米、大豆等粮食作物多用作基肥，也可用于蔬菜水果追肥。磷酸二氢钾作为根外追肥喷施，广泛用于小麦、水稻，以及果树和蔬菜。

"高氮肥"这个称呼现在只出现在广告上，如进口液态高氮肥用于喷肥。还有一种液氮，其含氮98%以上，目前只用于工业和医疗领域，农业不适用。固体氮肥中，尿素含氮46%，含氮量最高，是农业中应用范围最广的一种氮肥，适合各种作物，在基肥、追肥中被大量应用。

8 辽宁省刘女士问：哪些作物喜欢铵态氮肥，哪些作物喜欢硝态氮肥？

北京市农林科学院植物营养与资源环境研究所 研究员 张有山答：

无论是铵态氮肥还是硝态氮肥，它们都是各种作物能吸收利用的氮源，但是由于氮肥的形态不同，作物对它们的反应并不一样。例如，水稻是典型的喜铵态氮的作物，施用铵态氮比硝态氮效果好。这是因为水稻幼苗根内缺少硝酸还原酶，所以硝态氮不能在体内还原成铵态氮，因此就不能很好地被利用，同时，硝态氮的土壤吸附力也不如铵态氮，故易被淋失。烟草是典型的喜硝态氮的作物，因为硝态氮有利于烟草体内形成大量有机酸，因而能增强烟草的燃烧性。此外，许多小粒种子（如谷子）因种子中碳水化合物少，忍受铵态氮的能力小，而对硝态氮的反应好，故喜欢硝态氮。

9 河北省石家庄网友问：砂性土有什么特点，施肥时要注意什么？

北京市农林科学院植物营养与资源环境研究所 研究员 张有山答：

砂性土的特点：通透性好、不易受涝、便于耕作、耕后不易出现坷垃；养分含量低、保肥性差、易漏水漏肥，土温变化快，昼夜温差大。后期易使作物出现早衰，产量低。

施肥对策：增施有机肥料，提高土壤有机质含量，提高土壤保水保肥能力。追肥要少量多次，防止养分流失。作物生长后期要及时补追氮肥，防止作物早衰减产。

10 北京市大兴区刘先生问：为什么黏性土含钾量高但往往缺钾要施钾肥？

北京市农林科学院植物营养与资源环境研究所 研究员 张有山答：

一般黏性土的含钾量高于砂性土。黏性土所含的黏粒多于砂性土，黏性土中的钾可以进入其矿物层间，导致钾被固定，即黏性土的固钾量多于砂性土。因此，黏性土含钾量比砂性土多，但由于多处于固定状态不能被作物吸收，因此含钾虽多，但有时还要施钾肥。砂性土其含钾量比黏性土少，但它没有被固定，给砂性土施钾肥效果明显。但从长远看，黏性土中被固定的钾在一定的条件下（如钾细菌）还会被释放出来供作物利用。被固定的钾称为缓效钾，是土壤速效钾的后备和补充来源。

第六部分 食用菌

1 吉林省陈先生问：黑木耳菌袋污染如何进行防治？

北京市农林科学院植物保护研究所 研究员 陈文良答：

从图片看，黑木耳菌袋中有些是被黑根霉污染了，建议采取下列防治措施。

（1）污染的黑木耳菌袋需及时移出耳房或出菇场地，避免继续侵染其他菌袋。污染比较轻微的菌袋单独放置，让其出耳。

（2）加强耳房通风换气，出耳温度控制在 25 ℃以下，不宜过高。

（3）在耳房内使用必洁仕消毒剂 5000 倍稀释液喷雾防治，一周喷雾一次，消杀耳房地面和空气中杂菌。木耳对药剂比较敏感，不要往菌袋上喷雾，应该用塑料布覆盖菌袋后再喷药。

吉林省通化市兰女士问：如何降低黑木耳接种和培养期间的污染率？

北京市农林科学院植物保护研究所 研究员 陈文良答：

黑木耳菌袋有的是被毛霉菌污染了。菌袋被各种杂菌污染是生产中的常见问题，需要采取多种措施进行综合防治，降低菌袋污染率。

（1）黑木耳菌袋常压热力灭菌需要20小时以上才能彻底消毒。如果菌袋灭菌时间为10小时左右，甚至更短，往往灭菌不彻底，需要增加灭菌时间至要求时间。如果是高压灭菌（126℃），需要2小时及以上。

（2）菌袋不要使用棉花塞封口，常压热力灭菌后棉塞会含有大量水分，培养期间极易被杂菌污染，建议采用塑料颈圈封口方法。

（3）菌袋接种前，使用必洁仕消毒剂熏蒸消毒接种室，用药量 $0.25\ g/m^3$。在有链孢霉菌污染史的地方，适当增加用药量（最大用药量 $1.0\ g/m^3$）。

（4）接种后菌袋培养期间，要加强通风换气，培养温度不宜过高，以 22 ℃左右为宜。为避免杂菌污染黑木耳菌袋，需要使用必洁仕消毒剂 3000 倍液喷雾防治，每周喷雾 2 次。

3 山东省闫先生问：黑木耳菌袋怎么了？是被杂菌污染了吗？

北京市农林科学院植物保护研究所 研究员 陈文良答：

黑木耳菌袋是被木霉菌、毛霉菌和黑根霉等多种杂菌污染了。建议及时防治，防止杂菌扩大蔓延。在管理上，耳房要加强通风换气，发菌温度控制在 22～25 ℃，不宜过高。控制相对湿度，发菌阶段相对湿度不超过 70%，地面不必浇水。出耳之前使用必洁仕消毒剂 5000 倍稀释液喷雾防治，向空中和地面喷洒，尽量不要喷向菌袋，防治耳房内杂菌滋生蔓延侵染菌袋。

4 吉林省陈先生问：黑木耳出耳期如何进行管理才能高产稳产？

北京市农林科学院植物保护研究所 研究员 陈文良答：

黑木耳子实体生长阶段分成耳基期、耳芽期和耳片期，根据不同期间黑木耳生长的要求进行管理才能够高产稳产，不同期间黑木耳的管理要点如下。

（1）耳基期管理：菌袋割口后 7~10 天，在割口处形成黑色耳基。此时应该加大喷水量，使地面、塑料布和垫草保持湿润，空气相对湿度保持在 80% 左右。如果天气和地面干燥，应该增加喷水次数和喷水量。

（2）耳芽期管理：耳基经过 5~7 天，生长成耳芽。这时要在地面、地面上塑料布或垫草上继续喷水，经常保持湿润，空气相对湿度应保持在 85%~95%。

（3）耳片期管理：当耳芽长度达到 1 厘米时，进行全光照栽培，光照强度保持在 250~1000 lx，生长环境不宜过暗。耳片适宜生长温度控制在 22~25℃，环境温度不宜过高。经常喷雾和浇水，可以浇水 3 天，停水 2 天，保持"干干湿湿、干湿交替"的状态，空气相对湿度保持在 90% 左右。注意通风换气，注意避免杂菌污染菌袋。经过 7~10 天，黑木耳的耳片长大成熟，要注意适时采收。

（4）病虫害防治：出耳期出现杂菌污染时，及时淘汰污染严重的菌袋；加强通风换气；耳房喷洒必洁仕消毒剂 3000~5000 倍稀释液，防治空气中和地面上的杂菌，避免往菌袋上喷雾（喷雾时，菌袋覆盖塑料布）。

此外，在黑木耳出耳期出现螨类为害时，使用30%克螨特1000倍液喷雾防治，控制螨类为害。

5 河北省石家庄市网友问：平菇菌袋是被什么杂菌污染了，采取什么防治措施？

北京市农林科学院植物保护研究所 研究员 陈文良答：

平菇菌袋是被木霉菌、毛霉菌和黑根霉污染了，建议采取措施及早防治。

（1）出现污染的菌袋大棚，要及时倒袋清理，淘汰污染严重的菌袋，移出菇房，避免污染菌袋继续侵染其他菌袋。

（2）培养菌袋大棚，把底部塑料布掀起来加强通风换气。培养温度控制在22℃左右，不宜过高。发菌期间，菇房地面不必浇水，空气相对湿度控制在60%及以下。

（3）菇房使用必洁仕消毒剂3000倍液喷雾防治，一周喷雾2次，杀灭菇房地面、空气中和菌袋表面上的杂菌。

（4）在制作新的菌袋时，含水量不宜过大，控制在60%左右比较合适。封袋口不用尼龙绳，要使用塑料颈圈，以便增加透气性，促进平菇菌丝生长，抑制杂菌污染。

6 北京市房山区某用户问：平菇立体栽培有何利弊？

北京市农林科学院植物保护研究所 研究员 陈文良答：

平菇立体栽培能够增加摆放的菌袋数量，增加种植面积；能够覆土栽培，容易保持水分，菌袋不容易失水，能够延长出菇时间，增加采收次数，增加平菇产量；利于集中管理，节省人力。

但如果有污染的菌袋，杂菌进入土壤中，不容易杀灭防治，杂菌不断积累，为以后的栽培埋下了隐患。所以，一个大棚不能连作多年，必须及时倒茬，避免菌袋发生杂菌污染造成损失。

7 河北省高女士问：越夏平菇如何提高产量？

北京市农林科学院植物保护研究所 研究员 陈文良答：

越夏平菇的菇棚温度高，一般在25～35℃，没有昼夜温差，不适合平菇的出菇要求，需要采取管理措施，使其能够正常出菇，提高产量，主要措施如下。

（1）将发好菌的菌袋在出菇场内单排码垛，上、下垛之间保留一定间隔，以利通气透气，垛间距离为1米以上，以利降低菌袋温度。

（2）出菇时注意温度调控。采取措施，使菇房温度降低至

20 ℃以下，最好保持在 8～18 ℃，这样温度适合平菇出菇。菇棚上面加厚覆盖物，避免阳光直射。白天天热时避免通风换气，夜间温度降低时加大通风换气力度，使昼夜温差在 10 ℃以上，促进平菇原基形成和子实体生长。

（3）出菇时加强水分管理。为避免菌袋内温度过高，可解开袋口少许，降温提湿；菇棚每天喷水 2～3 次，使地面始终保持湿润，向空中、墙壁和菇棚内壁喷雾，使菇棚空气相对湿度提升至 85%～90%。这样做有增湿降温的作用，适宜平菇出菇生长。

（4）夏季栽培平菇，选择高温型或广温型平菇品种进行栽培，如夏抗 50、夏灰 1 号、高抗 48、南抗 9 号、黑优 11 号等。这些品种不仅在中低温条件下（5～25 ℃）出菇良好，而且在高温条件下（28～32 ℃）也能够正常出菇生长。

（5）有条件的单位和个人，可以进行工厂化栽培，智能控制菇房温度和湿度，不受外界高温影响。

8 河北省衡水市某用户问：大棚种植平菇春季如何管理才能正常出菇？

北京市农林科学院植物保护研究所 研究员 陈文良答：

平菇多数是在日光温室、塑料大棚或小拱棚内种植。春季是平菇的重要生长期和采收期，应该加强管理，科学调控，才能正常出菇高产。

（1）温度调控。

平菇属变温结实菇类，大棚昼夜温差在 10 ℃以上，能够促进子实体分化，形成菇蕾。平菇子实体形成后，中低温型平菇一般温度应该控制在5～20 ℃，而以控制在8～15 ℃最有利于平菇生长。大棚温度最低不要低于3 ℃，最高不要超过25 ℃。春季气温逐渐上升，应该加厚棚上覆盖物的厚度，避免阳光直射和温度过高。

（2）水分调控。

出菇期大棚要保持湿润，相对湿度控制在80%～90%最为适宜。为保持这样的相对湿度，要向地面多喷水，一天喷水2～3次，干燥天气可多喷。同时要经常向大棚空间喷雾，喷雾时不能直接往原基和小菇蕾上喷雾，否则容易引起菇体烂菇和病害发生。

当菌袋含水量在50%以下时，要用补水器向袋内注水，或者覆土栽培，增加菌袋内含水量，促进多出菇，出好菇。

（3）通风调控。

通风换气有利于调控大棚温度和湿度，减少病虫害发生。低温时宜在中午通风换气，高温时宜在早晚通风换气。菇房温度高，或者湿度大时，要多通风换气。通风换气方法为掀起日光温室前方和后墙通风孔或大棚周边塑料布80～100厘米。

（4）光照调控。

在子实体生长阶段，需要散射光条件，光照强度在200～800 lx，有利于诱导原基分化和子实体生长。出菇期阳光直射不利于子实体生长，应予以避免。

（5）病虫害防治。

当发现菇蚊和菇蝇等害虫为害时，及早对菇房和栽培环境使用菇净1000倍液喷雾，控制其蔓延，但切忌喷雾到子实体上。

当出现平菇黄斑病或杂菌污染菌袋时，及早喷雾必洁仕消毒剂3000~4000倍稀释液进行防治，一周喷雾2次。

9 北京市朝阳区某用户问：平菇出现黄斑或黄化现象是什么原因？如何防治？

北京市农林科学院植物保护研究所 研究员 陈文良答：

平菇出现黄斑或黄化现象是得了平菇黄斑病，是细菌侵染子实体造成的病害，由假单孢杆菌所致，建议采取下列预防和防治措施。

（1）尽量采取熟料栽培方法；菌袋含水量不要过大，这样可以减少假单孢杆菌的侵染。

（2）黑色品种和软柄品种容易感染平菇黄斑病，栽培前做好品种选择是预防病害发生的重要措施，可以选择高产的浅灰色品种栽培。

（3）污染菌袋子实体移出菇房，避免细菌借水继续侵染。

（4）加强菇房通风换气，降低菇房空气相对湿度，湿度保持在80%~90%比较合适，不要超过95%；菇房出菇温度不宜过高，应保持在5~15℃。

（5）加强菇房喷水管理，要使用干净的自来水，不使用河水和池塘水，尽量减少喷水带来细菌普遍感染的机会。别往菌袋子实体上直接喷水，减少上面积水，喷水雾化程度要高、要细，避免形成细菌侵染和繁殖的环境条件。

（6）喷药防治：在发病初期，用必洁仕消毒剂 4000 倍液喷雾防治，一周喷雾一次，防治效果很好。

10 北京市门头沟区某用户问：平菇菌种可以重复利用制作母种吗？

北京市农林科学院植物保护研究所 研究员 陈文良答：

平菇菌种最初来源于孢子分离、组织分离，或者通过杂交育种、辐射育种等方法获得，这样的平菇菌种称作母钟（一级种）。

平菇母种可以用来试管转接传代，一般情况下，可以连续转接传代 3~5 代，能够保持原来的生活力不变。如果超过这样的范围，转接传代次数过多，生活力和抗逆力会逐渐下降，造成菌种发菌速度变慢，易被杂菌污染，使平菇产量下降。因此，平菇菌种重复转接利用应该控制在允许的范围内（3~5 代），转接传代次数不能过多，这是需要注意的重要问题。

11 河北省石家庄市马女士问：种植平菇是鲜销好，还是加工后再出售好？

北京市农林科学院植物保护研究所 研究员 陈文良答：

种植平菇主要的销售形式有鲜平菇和加工品（干平菇、盐渍平菇等），由于种植规模和销售市场大小的差异，销售形式有所不同。种植规模小，鲜平菇市场容易销售，一般采取鲜销，能够卖上价钱，烹调也比较好吃。种植规模大，鲜平菇市场销售有限,除部分产品鲜销外,其余部分加工成干平菇或盐渍平菇,这样便于储藏和运输,扩大平菇的销售渠道,延长产业链,但干平菇或盐渍平菇没有鲜平菇好吃。

12 辽宁省王先生问：香菇菌袋为什么不出菇？

北京市农林科学院植物保护研究所 研究员 陈文良答：

香菇是变温出菇的食用菌,出菇时需要有昼夜10℃以上的低温温差刺激,而且中低温香菇品种出菇的适宜温度是8～20℃。菇棚昼夜温度在30℃左右,温度过高,也没有昼夜温差,不具备出菇的基本条件,所以不能出菇。

现在要保持菌袋完好,减少污染,让其安全越夏,待8月下旬以后,菇棚温度降下来,有了昼夜温差就能够出菇了。

辽宁省张先生问:香菇菌袋是什么杂菌污染?怎么防治?

北京市农林科学院植物保护研究所 研究员 陈文良答:

香菇菌袋是被黑根霉和木霉菌污染。建议您在香菇菌袋培养期间,发现杂菌污染及时防治。

(1)把被黑根霉和木霉菌污染严重的香菇菌袋移出菇房,消灭侵染源,避免侵染其他菌袋。

(2)加强菇房通风换气管理,降低菇房温度和相对湿度,能够大大减少杂菌的侵染。发菌期间温度保持在22℃左右,却勿高于25℃。不要向菌袋上直接喷水,空气相对湿度保持在70%以下,不宜过高。

(3)在培养菌袋期间,用必洁仕消毒剂3000倍稀释液对菇房进行消毒,一周喷雾2次,防止黑根霉、木霉菌等杂菌侵染菌袋。

14 河北省邢台市王女士问：香菇菌袋出菇期木霉菌污染如何防治？

北京市农林科学院植物保护研究所 研究员 陈文良答：

建议采取下列防治措施。

（1）清除污染菌袋，移出菇房，避免继续侵染其他菌袋。

（2）加强通风换气，出菇期温度控制在10～15℃，不宜超过25℃。

（3）别向菌袋上喷水，菇房相对湿度偏低时，只向空中和地面喷雾。

（4）在菇房内，使用必洁仕消毒剂3000倍稀释液喷雾防治，一周喷雾1次。尽量别喷向子实体上。

第六部分 食用菌

 15 北京市海淀区某用户问:干香菇和湿香菇的营养成分差别大吗?

北京市农林科学院植物保护研究所 研究员 陈文良答:

干香菇和湿香菇的营养成分大同小异,都含有丰富的蛋白质、氨基酸、不饱和脂肪酸、维生素、矿物质和各种香菇酶,但香菇市场一般需要加工成干香菇出售。一是便于储藏和运输;二是有利于增加干香菇的部分营养成分。干香菇含有较多的维生素 D,主要是因为鲜香菇在日光照射下形成干香菇,麦角固醇(维生素 D 源)转变为维生素 D,从而增加了营养成分的含量。维生素 D 有利于人体对钙的吸收和利用,还利于人体骨骼的健康。

香菇烘干有增加香菇精(1,2,3,4,5,6-五硫杂环庚烷)的作用,这是香菇香味的主要来源,而鲜香菇含有的香菇精却很少。

干香菇还含有较多的香菇嘌呤的成分,香菇嘌呤有降低总胆固醇(TC)和磷脂(PL)的作用,而且能够提高高密度脂蛋白胆固醇(HDL-C)的含量,且味道鲜美。

16 贵州省龙先生问:真姬菇接种前如何消毒?培养期间还需要消毒吗?

北京市农林科学院植物保护研究所 研究员 陈文良答:

真姬菇接种前可以应用必洁仕消毒剂熏蒸消毒,一般用药量 0.25 g/m³。有链孢霉污染史的菇场,用药量应该增加到

1 g/m³。在真姬菇菌瓶培养期间，没有污染可以不用药。发现污染时，及时使用必洁仕消毒剂5000倍液喷雾消毒，每周喷雾1次。

17 甘肃省朱先生问：栽培竹荪，拌料过程中如何用消毒剂灭菌？

北京市农林科学院植物保护研究所 研究员 陈文良答：

（1）将竹荪的栽培料（如竹木片、竹碎木块、木屑、秸秆等）拌匀，在播种前一周，装入塑料编织袋内，扎口，放入3%的石灰水池内，浸泡5～6天，促进培养料表面蜡质层降解，以利于竹荪菌丝体吸收利用。浸泡后，用水冲洗，使pH值降至7.5以下，含水量降低到60%左右。

（2）在栽培铺料时，加入栽培料总量的1%过磷酸钙、3%花生饼粉的辅料，与主料混拌。在混拌过程中，应用必洁仕消毒剂3000倍液喷雾消毒，杀灭杂菌，喷雾后，使栽培料含水量达到65%左右，放置半天后，即可铺床播种。

（3）在竹荪发菌过程中，发现污染，仍然利用上述消毒剂剂量喷雾消毒，控制杂菌蔓延。

18 河北省石家庄市某先生问：茶树菇如何种植？

北京市农林科学院植物保护研究所 研究员 陈文良答：

种植茶树菇需要掌握下列基本技术环节。

（1）栽培原料。茶树菇主要栽培原料有棉籽壳、玉米芯、阔叶树木屑等。在主料中加入适量的麦麸、米糠、豆饼粉、茶籽饼粉和矿物质（碳酸钙、石膏粉、石灰粉、磷酸二氢钾等）。

（2）栽培季节。多数茶树菇品种在春季、初夏和秋季种植出菇。温室和塑料大棚出菇以4—6月或8月中旬至9月上中旬为好。7月上旬至8月上旬温室和大棚气温高，不适宜茶树菇子实体生长，也最容易被污染。

（3）栽培场所。温室和大棚栽培茶树菇效果好，普通民房和闲置厂房也可以种植。

（4）栽培袋制作。栽培袋用聚丙烯袋或高密度聚乙烯袋。根据各地资源，选择配方。装料要实，每袋装料0.3～0.4千克。高压灭菌（126℃）2小时，或常压灭菌（100℃）16小时。冷却后在接种室（箱）内接种。

（5）栽培袋培养。接种后，栽培袋放入干净的培养室培养。培养温度在22～25℃，相对湿度在50%～70%，室内要求通风换气、避光培养。培养期间经常倒袋，淘汰污染袋。若培养室出现污染袋，应用必洁仕消毒剂3000倍液喷雾防治，每周喷雾2次。

（6）栽培方式。

①直立式栽培。发好的菌袋成排直立在温室（大棚）地面上，从上端袋口出菇。直立式栽培是基本的栽培方法。这种方法便于管理，菇型好。

②墙垛式栽培。发好的菌袋码成墙垛式，从墙垛两侧出菇。

③覆土式栽培。在温室或室外大棚内做好田畦，畦深15厘米，长满菌丝体的生产袋脱袋，直立畦内，上面覆土2厘米，

然后把土浇湿。覆土后 10～15 天可见菇蕾，生长出茶树菇。

（7）出菇期管理。出菇期菇房温度要保持在 18～25 ℃，最高温度不宜超过 30 ℃。出菇期间要保持潮湿环境，空气相对湿度以 85%～90% 为宜。要求有散射光条件，光照强度 300～800 lx。但也不能阳光直射。适当通风有利于出菇。通风不要过头，保持一定量的二氧化碳有利于菌柄生长。

在上述适宜条件下，经过 10～15 天，菌袋上端白色菌丝团上便形成很多的茶树菇小子实体，继续给予适宜条件，经过 5～7 天便生长成成熟的子实体，及时进行采摘。

19 福建省南平市某用户问：接种室上午接种完成后，下午还需要消毒吗？

北京市农林科学院植物保护研究所 研究员 陈文良答：

接种室上午接种完成后，下午接种前仍然需要消毒。一般上午接种完成后，将接种室清理干净，把要接种的菌袋放入，及时使用二氧化氯消毒剂以 $0.25g/m^3$ 的浓度熏蒸消毒，或者使用必洁仕消毒剂 3000 倍液喷雾消毒，过 2 小时，即可接种。

20 北京市丰台区某用户问：连年使用的菇房应该注意什么？

北京市农林科学院植物保护研究所 研究员 陈文良答：

连年使用的菇房，越冬的虫卵、幼虫、虫蛹和病菌积累比较多，在重新使用时，应该注意防治病虫害，彻底杀虫和灭菌，以便提高食用菌的产量和品质。

（1）在使用前，把菇房彻底打扫干净。把残存的菌袋、菌料、薄膜和污染的表土清除出菇房，晾晒3~5天后再覆盖塑料布。

（2）加强虫害防治。覆盖塑料布后，使用杀虫剂和杀螨剂喷雾1~2次，彻底杀灭虫卵、幼虫、虫蛹，再行使用。

（3）加强病害和杂菌防治。使用杀菌剂和消毒剂喷雾和熏蒸，防治残存的病菌和杂菌，避免污染食用菌菌袋。

21 河北省石家庄市某用户问：菌棒感染如何再利用？

北京市农林科学院植物保护研究所 研究员 陈文良答：

菌棒感染再利用的方法如下。

（1）感染轻微的菌棒，可以进行有效的防治，控制住污染，让其继续出菇，减少损失。

（2）感染较轻的菌棒，经过粉碎和堆积发酵，确保彻底消灭杂菌后，可以用来种植平菇、鸡腿菇、草菇和金针菇等。

（3）感染严重的菌棒，不建议再消毒种菇，因为消毒不彻底，往往会造成新的感染。这样的菌棒可以经过堆积发酵消灭杂菌，制作成有机肥料，用于种植农作物、树木和花卉等。

22 山西省王先生问：菇棚上的覆盖物如何选择？

北京市农林科学院植物保护研究所 研究员 陈文良答：

菇棚上的覆盖物一般采用蒲草帘（蒲草＋芦苇编制）、稻草帘和遮阴网等,以便保证菇棚内具备合适的光照和温度条件。

菇棚上的覆盖物应该根据食用菌栽培季节和栽培品种进行选择。在夏季栽培食用菌,菇棚上的覆盖物应该选择蒲草帘、草帘等,再配合应用遮阴网,以便达到较暗的散射光条件;如果在冬季栽培,使用遮阴网遮光便可,或者间隔式摆放蒲草帘、草帘覆盖。

食用菌品种不同,出菇时要求光照条件也有差异,黑木耳和香菇等品种,出菇(出耳)要求光照较强,大棚只用遮阴网覆盖即可;双孢蘑菇和金针菇等品种,出菇需要很暗的散射光条件,需要用较厚的覆盖物覆盖,如蒲草帘、草帘等。

23 河北省廊坊市马女士问:如何防治食用菌线虫病?

北京市农林科学院植物保护研究所 研究员 陈文良答:

食用菌的线虫病害会影响菌丝体生长,使菌丝体稀疏、纤细,培养料下沉、发黏发臭。进一步发展,菌丝消失,不出菇,或者幼菇萎缩死亡。地栽香菇受害,会导致菌丝体退化,培养料洼陷,造成"退菌"现象,出菇量大幅减少,产量下降。

建议采取下列方法防治。

(1)培养料含水量不宜过高,菇房的空气消毒湿度不宜过大,创造不利于线虫生长的环境条件,抑制线虫生长和为害程度。

(2)做好培养料和覆土材料的处理。双孢蘑菇尽量采用二次发酵的方法栽培,利用高温处理,杀死培养料和覆土中的线虫。熟料栽培的菇种（如香菇、木耳、银耳等），高压灭菌和常压灭菌要彻底，消灭培养料中的线虫和杂菌。

（3）使用自来水浇菇。河水和池塘水含有线虫虫卵和多种微生物，是造成线虫和杂菌的污染源，而自来水比较干净卫生，有条件的地方尽量将自来水用于菇房管理。

（4）药剂防治。在栽培双孢蘑菇、草菇、鸡腿菇和平菇等菇种时，用菇净1000倍液，或者必洁仕消毒剂4000倍液拌料，杀灭培养料中的线虫。

（5）在出菇阶段出现线虫为害，向栽培料喷洒菇净1000倍液，或者必洁仕消毒剂3000倍液，能有效控制培养料和菇体上的线虫。

（6）坚持轮作制。栽培大棚在一个地方用久了，线虫和杂菌不断积累，造成为害较重。建议在新的地方建立大棚种植，避免连作造成的伤害。

第七部分 畜牧

(一)家畜

第七部分 畜牧

 河北省石家庄市马女士问：夏季高产奶牛管理的要点是什么？

北京市农林科学院畜牧兽医研究所 副研究员 初芹答：

奶牛汗腺不发达，夏季高温对奶牛，尤其是泌乳牛的影响明显，管理上可重点注意以下几个方面。

（1）控制环境温度。牛棚中采用排风扇、牛体喷雾降温等方式来降温。

（2）降低饲养密度。增加奶牛活动空间，适量加强早晚时段室外活动。

（3）调节饲料和营养。根据奶牛的采食情况，提供高质量饲料，每天适当增加蛋白质、维生素、矿物质等，或饲喂优质青草等，满足泌乳牛的营养需要。

（4）调整饲喂时间。饲喂时间应避开中午高温时段，选择早晚气温凉爽时段。

（5）加强环境消毒，保持饲养环境卫生。

天津市某先生问：奶牛中暑的症状有哪些？

北京市农林科学院畜牧兽医研究所 副研究员 初芹答：

当牛中暑时，常会出现伴随症状，主要包括下列症状。

精神沉郁或精神亢奋；运动迟缓，步态不稳；全身出汗，体温升高，达42 ℃以上；结膜潮红，食欲废绝，呼吸急促、心跳加快等。此时应当尽快对症处理。否则，后期多会出现高热昏迷、卧地不起、肌肉震颤、意识丧失、口吐白沫等症状，救治不及时或不当最终多痉挛而死。

3 河北省衡水市某先生问：夏天温度高，如何减少热应激对奶牛的影响？

北京市农林科学院畜牧兽医研究所 副研究员 初芹答：

这种情况需要通过环境和饲料等方面来调节，措施如下。
（1）户外搭遮阳棚。
（2）配大功率风扇，增加通风。
（3）高温时段，可以在屋顶增加喷淋。
（4）调整饲喂时间，如早晨6点前和下午7点后饲喂。
（5）调整日粮结构，增加能量饲料比例，提高适口性，补充矿物质。

4 北京市顺义区石先生问：母羊在产羔后生病了，若打青霉素和庆大霉素，母羊产的奶对羔羊是否有影响？

北京市农林科学院畜牧兽医研究所 兽医技术员 赵际成答：

短期使用影响不大，长期使用或剂量太大，有可能会影响羔羊肠道正常菌群，可能会出现腹泻，但是大部分药物会被母羊代谢。因此，一般正常治疗，用药期短，影响较小。选用药物时也可以考虑选用不良反应少的药物使用，可以降低药物影响。同时需要考虑羔羊年龄，羔羊年龄越大，影响越小。

第七部分 畜牧

5 新疆维吾尔自治区某用户问：有农户反映用了酒糟喂母羊有流产现象，用的是高粱酒糟，内有 10% 左右稻壳，共 60 多只羊，一次喂 35 kg 左右。酒糟需要怎么处理才能饲喂牛羊？

北京市农林科学院畜牧兽医研究所 研究员 刘华贵答：

应该是喂量有点大，酒精引起的流产。因为酒糟中残留有一定的酒精，如果一次性喂量太大或长期饲喂，酒精容易造成怀孕母羊出现流产、早产及产弱羔的现象，因此最好不用酒糟饲喂怀孕母羊。饲喂时把怀孕母羊单独挑出来。如果实在需要给母羊喂酒糟，应将酒糟充分晾晒，使里面的酒精挥发干净，然后配合其他粗饲料一起饲喂。鲜酒糟要按每千克酒糟加入 50 g 左右石灰粉或小苏打粉，饲料中添加比例不要超过 15%。另外，要注意如果酒糟储存不当，发霉变质时也不能喂羊。

6 北京市昌平区某用户问：如何选用猪的预混料？

北京市农林科学院畜牧兽医研究所 副研究员 初芹答：

预混料是由同种或不同种类的各种添加剂按一定比例配制而成的均质混合物，预混合饲料在全价饲料中所占的比例虽然很小，但对全价饲料的饲喂效果起着非常重要的作用。

（1）看质量。要选择信誉高、加工设备好、技术力量强、产品质量稳定的厂家和品牌。

（2）不同的预混料是根据猪只不同生长发育阶段的营养需

要配制而成的。在使用时，猪只的生长发育阶段要和预混料适用范围一致，即专料专用，不可混用。

7 北京市房山区某网友问：硒对猪有什么作用，为什么饲料中需要补硒？

北京市农林科学院畜牧兽医研究所 副研究员 初芹答：

硒对猪的作用是非常大的。硒不仅能够促进仔猪生长发育，提高猪的免疫功能，还可以提高猪的繁殖性能。此外，硒是天然的抗氧化剂，可以对一些重要的营养元素起到保护作用，防止这些成分因被氧化而失去相应的功效。

如果猪得不到足够的硒，就会在多个方面出问题。例如，生长猪缺硒会出现白肌肉，即肉的颜色发白，系水力变差；刚断奶的仔猪料里缺硒，还可引发水肿病，导致大量伤亡；妊娠母猪缺硒，会使胎儿变弱，活力变差；空怀和后备母猪缺硒，则会影响正常的发情配种；各个阶段的猪，都会因缺硒而导致免疫力降低，更容易发生各种疾病。饲料中需要补充硒，还因为我国许多地区属于缺硒区，土壤中的含量不足，导致所产的饲料原料中也缺乏硒。

8 河北省承德市某先生问：哺乳母猪的配方？

北京市农林科学院畜牧兽医研究所 副研究员 初芹答：

哺乳母猪的配方可以根据原料因地制宜，有以下4种配方。
（1）玉米30%、大麦25%、棉籽饼18%、次粉10%、小麦麸 8%、米糠 2.5%、小麦 2.5%、血粉 2%、骨粉 1%、食用盐 0.5%、钙粉 0.5%。

（2）大麦 25%、玉米 9%、小麦 15%、稻谷粉 10%、次粉 10%、小麦麸 10%、棉籽饼 10%、米糠 10%、食用盐 0.5%、钙粉 0.5%。

（3）玉米 40%、小麦麸 17%、草粉 14.5%、大麦 10%、豆饼 10%、鱼粉 7%、骨粉 0.5%、贝壳粉 0.5%、食用盐 0.5%。

（4）玉米 38%、小麦麸 20%、大麦 15%、向日葵饼 10%、大豆粉 5%、草粉 2%、鱼粉 8%、骨粉 1.5%、食用盐 0.5%。

9 北京市昌平区某用户问：什么是母猪批次化生产？

北京市农林科学院畜牧兽医研究所 副研究员 初芹答：

母猪批次化生产是指利用现代生物技术，包含同期发情、同期配种、同期分娩等技术，进行猪场全年生产批次设计，实现全年全场有序、均衡、批次化猪群生产管理的一种方式。

10 北京市房山区某用户问：母猪深部输精注意事项有哪些？

北京市农林科学院畜牧兽医研究所 副研究员 初芹答：

（1）查情后间隔 1 小时进行输精，不放公猪，避免公猪刺激使母猪宫缩加强，导致输精管的细管插入子宫皱褶时阻力加大，不利于操作，强行插入会对子宫黏膜造成损伤，输精后驱赶公猪与母猪充分接触，促进精卵结合。

（2）外管插入子宫颈锁定后，将细管缓慢插入子宫颈口，手指握住细管长度约1厘米，每次插进1厘米，这样细管不容易折弯，也不会损伤子宫颈，插入深度10～15厘米，如有阻力感，将细管后拉，轻轻转动插入，绝不可粗暴向里插入，以免损伤宫颈黏膜。

（3）插入内管后，将精液摇匀缓慢持续挤进母猪体内，时间控制30～60秒，切不可暴力挤入。

（4）输完精后不要着急拔管，输精管留在母猪体内5～8分钟拔出，尽量避免母猪趴下，防止压迫子宫导致精液倒流。

（5）做好输精和异常情况记录，便于对配种结果进行分析。

11 北京市房山区某用户问：猪批次化生产方案设计需要注意事项有哪些？

北京市农林科学院畜牧兽医研究所 副研究员 初芹答：

（1）猪场需要根据栏舍数量和结构、定位栏、产床、产房单元、保育舍单元等因素综合考虑和设计批次化生产方案。

（2）根据基础存栏数的大小进行设计。

（3）根据当前生产情况、哺乳天数来安排工作。

（4）公猪数量和精液来源是否配套。

（5）根据工作量大小，及时调整人员配置。

（6）重视后备猪的补充。

(二)家禽

12 北京市大兴区某用户问：散养鸡蛋经常发现裂纹，是什么原因？

北京市农林科学院畜牧兽医研究所 副研究员 初芹答：

鸡蛋裂纹的原因有以下情况。

（1）饲料缺钙或产蛋后期，蛋壳质量变差。

（2）鸡蛋为窝外蛋或舍内产蛋箱底部过硬，建议产蛋箱内配置干草。如果是窝外蛋，及时捣毁产蛋窝。

13 河北省衡水市王先生问：散养鸡蛋，脏蛋比例高，怎么办？

北京市农林科学院畜牧兽医研究所 副研究员 初芹答：

舍内配置足够的产蛋箱（6~10只/格），产蛋箱一般靠墙放置在光线较暗、安静的地方，产蛋初期可放入乒乓球作为引蛋。产蛋箱内放干草或垫子，如果有鸡粪定期清理。晚上鸡回舍，如果发现其常在产蛋箱待着，可以将产蛋箱关上，有助于保持产蛋箱内干净和减少抱窝鸡。鸡舍外或舍内地面发现窝外蛋，及时捣毁蛋窝。

14 河南省王先生问：散养土鸡用不用补充饲料？

北京市农林科学院畜牧兽医研究所 研究员 刘华贵答：

鸡需要在食物中获取营养用于生长和繁育，没有充足的食物供应或食物中的养分不均衡，就会生长缓慢，无法正常发育和生产，乃至体质虚弱，被疾病侵害。散养土鸡可以从外界环境摄取一定的植物性食物和极少量的昆虫等。当群体规模比较小的时候，即使少喂或不喂饲料，环境中的食物供应也能够保证鸡的正常营养需要。但是当群体规模较大时，环境所能提供的食物远远不能满足鸡群的生长和生产所需，就会出现营养缺乏问题，因此必须补充饲料。

实际上，对于采用林下散放养等模式生产家禽肉蛋产品的生产者，养殖环境所能提供的食物资源是有限的，更多的是给鸡提供日常活动和休憩的空间，要想得到更多的优质稳定的产品从而获得回报，必须补给优质的营养均衡的饲料。

15 北京市大兴区某先生问：鸡场如何建设防鼠设施？

北京市农林科学院畜牧兽医研究所 副研究员 初芹答：

鸡场建设防鼠设施应当做到以下几点。

（1）使门与地面、门与墙之间的缝隙小于0.6厘米，门下方加钉高40厘米左右的防鼠铁皮。

（2）风管口安装铁丝网罩，下水系统排水管口安装网眼小于1.0厘米×1.0厘米的防鼠闸（或钢丝网罩）。

（3）电缆、管道等穿过的坑道缝隙用水泥堵塞，房间的供电和供水管出口处用铁皮或水泥封口。

（4）鸡舍、饲料库、配电室、其他原材料仓库库门要安装不低于45厘米的防鼠挡板。

（5）垃圾房（桶）加盖密封，不外溢外漏，及时清运。

16 河北省衡水市养殖户问：什么是蛋鸡的热应激？如何应对？

北京市农林科学院畜牧兽医研究所 副研究员 初芹答：

正常情况下，鸡的核心体温变化范围非常小，尤其是心、肺、脑等器官，基本维持在41℃左右。当外界温度过高，家禽产热与散热失去平衡，就处于热应激状态。热应激，是家禽对高温高湿的综合作用的生理反应。

热应激分为两类：一类是环境温度在数小时内急剧上升导致的急性热应激；另一类是环境温度持续高温，引起的慢性热应激。

如果外界温度超过 33 ℃或高温高湿天气或发现鸡群张嘴呼吸等，要及时采取以下降温措施：

（1）增加通风；

（2）用湿帘或屋顶喷淋降温；

（3）降低饲养密度；

（4）饮水中补充电解多维；

（5）鸡群采食量下降，可以调整饲料配方，增加蛋白和能量水平。

 河北省廊坊市养殖户问：如何给鸡做颈部皮下疫苗免疫？

北京市农林科学院畜牧兽医研究所 副研究员 初芹答：

鸡颈部皮下免疫方法操作如下。

轻轻抬起鸡颈部后部的皮肤，在皮肤和颈部肌肉之间形成一个口袋。针头指向鸡的身体，将针头穿过皮肤插入这个口袋。注射部位应位于颈部背中线的中颈部至下颈部区域。当针头穿过皮肤时有阻力，进入皮下空间时阻力消失，此时针头在皮下可以自由移动。如果这种差异没有引起注意或再次出现阻力，针头可能刺入皮肤、颈部肌肉或脊髓中。应避免将疫苗注射到颈部肌肉中或过于靠近头部。一旦针头进入皮下空间，注射全剂量的疫苗后再退针。应注意，过早退回针头将导致鸡接受疫苗剂量不全。

18 河北省衡水市养殖户问：蛋鸡产蛋后期，蛋壳薄、容易破，如何解决？

北京市农林科学院畜牧兽医研究所 副研究员 初芹答：

蛋鸡产蛋后期蛋壳品质下降主要与肠道消化吸收、子宫功能下降和免疫功能低下有关，属于正常的生理现象。但是，通过培育优质的青年鸡、选用高品质的饲料产品、加强饲养管理、改善环境和控制疾病，可缓解产蛋后期蛋壳品质的下降。

（1）重视青年鸡阶段饲养管理。蛋鸡对钙的需求很高，需要在青年鸡和开产阶段充分重视饲料中钙的含量，及时根据生长和产蛋情况更换饲料。

（2）重视饲料营养。产蛋后期，对钙的吸收、转运、沉积能力下降，应注意调整钙含量、钙源、粒度和溶解度，并供给足量优质的维生素D等。

（3）饲养管理。当鸡处于应激状态、疾病状态，都会影响肠道对营养物质的吸收利用和子宫钙化的过程，妨碍蛋壳的正常形成，所以在整个饲养管理阶段都应尽可能减少应激反应发生。

19 北京市延庆区史先生问：一农户家养的柴鸡中有一只大肚子，现走路和鸭子一样，是什么病？怎么防治？

北京市农林科学院畜牧兽医研究所 研究员 刘月焕答：

柴鸡是得了腹水病，初步分析与肝脏损伤或肝脏肿瘤有关，没有很好的治疗办法。有的母鸡日龄偏大（如300日龄），由于衣原体感染或雌性激素等原因，输卵管积水，也可发生类似的症状。

20 河北省邢台市王女士问：怎么养鸡少生病？

北京市农林科学院畜牧兽医研究所 副研究员 初芹答：

疾病的发生都是与鸡群健康状况、环境有关系。养鸡养重于防，防重于治。

（1）种源健康。选择不携带垂直传播疾病的健康雏鸡。

（2）根据当地疫病流行情况，建立合理的免疫程序，选择合适的疫苗。

（3）环境要舒适。温度、湿度、通风等要满足鸡的生理需求。

（4）提供营养全面、安全的饲料和饮水。

（5）定期消毒。

（6）注意合理的密度，减少应激。

21 河北省沧州市王女士问：雏鸭的开饮如何操作？

北京市农林科学院畜牧兽医研究所 副研究员 初芹答：

雏鸭进舍后，要教鸭子认水。可以用食指与中指轻轻卡住雏鸭的脖子，将鸭喙在饮水器中的水里蘸一下，让鸭子嘴在水里"砸吧"几下。水中可以添加葡萄糖和电解多维。水要少加勤添，加水时间不要超过1小时。雏鸭休息片刻后，隔半小时要轰赶小鸭，让其喝到足够的水。

22 河北省衡水市某网友问：如何观察雏鸭来确定温湿度是否合适？

北京市农林科学院畜牧兽医研究所 副研究员 初芹答：

（1）温湿度适宜时，雏鸭饮水、采食、休息等活动正常，行动灵活，反应敏捷，分布均匀，不扎堆，生长发育快。

（2）温度较低时，雏鸭趋向热源，相互挤压扎堆，活动减少，饮水、采食量下降，容易产生腹泻及发生呼吸道病，也易造成挤压伤亡，生长速度缓慢。湿度较低时，雏鸭饮水量增加，饮食量降低，会引起发育不良。

（3）温湿度偏高时，雏鸭烦躁不安，远离热源，食欲降低，渴欲增加，饮水量增加，正常代谢受到影响，抗病力下降。

23 河北省保定市养殖户问：肉鸭育雏前要做好哪些准备工作？

北京市农林科学院畜牧兽医研究所 副研究员 初芹答：

（1）鸭舍彻底清扫干净并彻底消毒。

（2）进雏前一周，育雏舍需彻底清洗消毒，通风干燥。

（3）进雏前2天，准备好育雏所用的工具，如料槽、水槽、垫料、开口料、开口药、疫苗等。

（4）进雏前1天，预试温，在雏鸭到达前达到30～31℃。

（5）雏鸭到达前30分钟，要把凉开水、多维、开口药事先加到饮水器中，以便小鸭喝到和舍温差不多的水，避免冷水致雏鸭腹泻。

（6）雏鸭到达后，抽测体重，及时饮水和提供开口料。

（7）准备好生产记录表，对鸭舍的环境、鸭群的健康和生长发育情况进行监控。

24 天津市养殖户问：鹅蛋的孵化温度和湿度要求是什么？

北京市农林科学院畜牧兽医研究所 副研究员 初芹答：

鹅蛋最佳孵化温度一般为 37.5 ℃，湿度为 80% 左右。鹅蛋孵化的 1～27 天，温度保持在 37.5 ℃，湿度保持在 85% 左右为宜；孵化 28 天后，温度可调整为 37 ℃，湿度为 95% 左右；30 天破壳后，温度降为 36.7 ℃左右。

25 河北省邢台市马先生问：养鹅如何使鹅多产蛋？

北京市农林科学院畜牧兽医研究所 副研究员 初芹答：

（1）适宜的生长环境。气温应保持在 8～10 ℃，每天提供 15～16 小时的光照，有助于维持和延长鹅的产蛋期。

（2）合理喂养。蛋鹅日常精料的合理组成是玉米 60%、糠麸 20%、豆饼类 18%、生长素和蛋壳粉 2%。每只鹅日喂混合精料 150～200 g，分 3 次喂给，对提高产蛋率有益。在鹅的产蛋旺季，蛋白质比例要占 20% 左右。另外，还要注意其他矿物质、维生素及微量元素的合理搭配。

（3）精心管理。对于处在产蛋期的母鹅，放牧的过程中不能急赶它们，也不要过度放牧，避免鹅过度疲劳和遭到恐吓。

要注意保持蛋鹅圈舍的清洁和干燥。地面应覆盖细沙,设置蛋巢,每天要及时捡蛋,以减少鹅蛋的损害。性刺激方面,公鹅和母鹅一起饲养,比例在1:6,可以提高受精率和产蛋率,实现经济效益最大化。

26 山西省刘先生问:放牧养鹅有什么要求?

北京市农林科学院畜牧兽医研究所 副研究员 初芹答:

放牧养鹅是一种比较普遍的低成本投入的养鹅方式。山地、草地、草坡、果木林地、沟渠道旁的零星草地及水稻等收割后的茬地都是放牧的好场所。农户可以在春夏季买鹅苗,育雏后视气温情况开始放牧,晚上补饲,秋、冬季出售。

第八部分
水产

1 安徽省张先生问：甲鱼身上有褐色的斑是怎么回事？

北京市农林科学院水产科学研究所 副研究员 徐绍刚答：

从图片看，甲鱼是得了比较典型的腐皮病，虽然比较常见，但是治起来比较麻烦。

发病原因主要是水质不好，水温过高，造成甲鱼应激；营养不良，造成甲鱼免疫力下降。

治疗方法：饲料中添加氟苯尼考（4 g/kg），连续 7 天；如果是水泥池高密度养殖，则每天换水 1 次，同时泼洒二氧化氯等消毒剂，连续 3～5 天；如果是池塘养殖，则隔天泼消毒剂 1 次，连续 3 次，会有一定效果。

2 北京市东城区周先生问：现在鱼塘里有水、有鱼，还有小黑虫，怎么消毒？

北京市农林科学院水产科学研究所 副研究员 徐绍刚答：

1 ppm 强氯精全池泼洒，第 2 天即可放鱼，这样做原池鱼不会死。看不到虫子后，再泼 1 ppm 敌百虫看看能不能把虫子杀死，这个浓度不影响放鱼。

3 北京市东城区周先生问:鱼塘怎么消毒?

北京市农林科学院水产科学研究所 副研究员 徐绍刚答:

(1)生石灰消毒。池塘留水10厘米左右,每亩100~150 kg生石灰用水化开后全池泼洒,7天后加水即可。

(2)强氯精消毒。池塘留水30厘米左右,强氯精10 ppm全池泼洒,视池塘情况可适当增减,3天后加水即可放鱼。

多渠道专家服务方式

"京科惠农"平台汇聚首都农业专业科技人才及信息资源,提供便捷、多渠道专家服务。

"农爱问"微信小程序

北京科技特派员服务在线

京科惠农今日头条账号

京科惠农快手号

农科小智智能问答

京科惠农喜马拉雅账号

京科惠农抖音号

农业生活抖音号